なぜ企業犯罪は
繰り返されたのか

赤い土《フェロシルト》

杉本裕明 著

風媒社

赤い土・フェロシルト

なぜ企業犯罪は繰り返されたのか

●目次

1　赤い土

あの時のお祭り騒ぎがうそのようだ。二〇〇五年に国際博覧会（愛知万博）が開かれた愛知県長久手町の会場跡地は、観覧車を残すだけで、パビリオンは跡形もなく消え、もとの公園に戻っている。名古屋市と会場をつなぎ、満員だったリニアモーターカーも空席が目立ち、赤字の累積でお荷物になり始めた。

その会場跡地から三キロほど北には、二つ目の会場だった跡地がある。海上の森とよばれる里山の一画で、ここは瀬戸市になる。博覧会はこの瀬戸市の海上の森で開催されるはずであった。しかし、自然が破壊されると、多くの市民や環境保護団体が反対し、予定地は大幅に縮小、主会場は隣の愛知県青少年公園に変更された。それでも一二一カ国四地域が参加した博覧会には三月から九月までの半年間に二二〇〇万人が訪れた。瀬戸市民も何回も会場に足を運び、また、ボランティアとして来訪者たちを暖かくもてなした。

やきものの「瀬戸物」で全国にその名を知られる瀬戸市は人口一三万二〇〇〇人。名古屋から約二〇キロ東に位置し、起伏に富むまちである。瀬戸層群と呼ばれる新第三紀鮮新世の地層には良質の陶土やガラスの原料の珪砂が含まれ、市内のあちこちに採掘場がある。山を削り、さらに地中深くまで掘って埋め戻しをするのだが、赤茶けた山肌がむき出しになっている採掘現場を見て「グランド・キャニオン」と揶揄《やゆ》する人もいる。

伝統産業のためには致し方ないのかもしれない。しかし、瀬戸市は、陶土の採掘場と並んで、産業廃棄物の埋め立て処分場や中間処理施設が数多く集まっていることでも知られる。市内に最終処分場が一〇カ所、焼却施設などの中間処理施設が一七カ所ある。隣接する豊田市も世界に冠たるトヨタ自動車の本拠地だというのに産廃施設が集中し、不法投棄が頻繁に起きる。しっかりした都市計画を作らず、絶えず事業者の都合に左右されてまちづくりを怠ってきたツケが現在の荒涼とした風景を形作っている。

産廃銀座に持ち込まれた赤い土

瀬戸市で中間処理施設が集中するのが北丘町だ。市の中心街から車で北に向かってしばらく走ると山道に入る。岐阜県多治見市との市境に近づくと、道路の両側にトタンの塀がいくつも見える。中に設置された焼却炉の煙突から幾筋もの煙が立ちのぼっている。地元住民は、この一帯を「産廃銀座」と呼ぶ。

近くに住む主婦が、赤茶けた山を見つけたのは二〇〇四年三月のことだった。すぐそばには下半田川が流れ、その流域にオオサンショウオという希少種が生息する。山はいまにも崩れそうで、土砂が川に落ちそうだ。「変なことが起きなければいいが」という思いが胸をよぎった。

その三カ月後、愛知県尾張建設事務所の維持管理課に電話があった。瀬戸警察署からだった。「北丘町の住民から、『産廃を持ち込んでいるのではないか』と通報がありました。ここは砂防地域に指定されていますが、業者は許可をとっていますか？」

砂防地域とは、県が指定した大雨などで自然災害の危険性のある地域のことを指す。業者が地域内で土地改変をする際に、開発内容と、土砂が流れて災害を起こさないように堰堤や水処理施設を設置する防止策を施した計画書を県に提出し、許可を得ることが砂防法で義務づけられている。この北丘町では、有限会社潮（愛知県春日井市、浅野信之社長）が許可を得ていた。

建設事務所は「もちろん、砂防法の許可をとっています」と返答した。警察は違法性がないと判断し、この話はそれっきりになった。

しかし、事実はまるで違っていた。

浅野社長は二〇〇三年一月と五月にそれぞれ九六〇平方メートルの造成の許可を建設事務所から得ていた。地主には「土砂は売れる。その跡地を埋め戻し、ケナフを栽培して農園にしたい」と言って土地を借りた。ところが、予定期間だった四カ月の期限がすぎても埋め立ては終わらなかった。浅野社長は許可されていない隣の土地に赤い土をどんどん持ち込んでいたのである。建設事務所は定期的にパトロールしており、違法だとすぐに認識した。再三持ち込みをやめるよう促し、砂防工事の実施を求めた。だが、それを素直に聞き入れるような業者ではなかった。

建設事務所への呼び出しも含めて数十回にのぼる指導を経て、浅野社長が砂防工事の実施を約束、土の搬入を中止したのは二〇〇四年秋。すでに一万九〇〇〇平方メートルの土地に一二万トンの山が築かれていた。浅野社長が植えた形ばかりのケナフはとっくに枯れていた。まもなく雨にさらされた山から赤い土が崩れ落ち、下半田川を真っ赤に染めた。

形ばかりの注意を繰り返すだけの県は、浅野社長にみくびられていた。そして県が防災の観点から一部の土の撤去を求めたことから、この問題は岐阜県に飛び火する。

愛知県から岐阜県へ

二〇〇五年一月。岐阜県可児市大森の住宅街そばの山林でブルドーザーとパワーショベルの音が轟いた。山はまたたくまに削り取られ、地下深く穴を掘り進めている。そしてダンプカーが入れ代わり立ち代わり、赤い土をその巨大な穴に投入している。

平林地区の自治会長を務める宮島鉦二（七二歳）は、知人に相談した。「黒い土を運び出し、代わりに赤い土を持って来ている。何か、悪いことをしてるんじゃないか」

二月七日朝、宮島は自家用車に知人を乗せ、二人で埋め立て地から出てきたダンプカーを追跡した。赤い土を降ろし、空のままのダンプカーがまっすぐ南に向かう。

四〇分ほど走ると瀬戸市に入った。くねくねとした山道を走ると、まもなく赤茶けた巨大な山が見えた。「赤い土はここから運んでいたんだ」

今度は黒い土を積んで大森の作業現場から出てきたダンプカーを追った。これも瀬戸市に向かっている。市街を抜け、さらに南に。ダンプカーはやがて空き地にとまった。近くに鉄塔が見える。陶土の採掘場が集まる幡中町だった。

その三年前の二〇〇二年秋、三重県亀山市で環境保全運動に取り組む米川功の自宅に匿名の手紙が舞い込んだ。亀山警察署に赴き、署内で開封した。手紙は、「石原産業がまっ赤な土を入れている。産業廃棄物なので何とかしてほしい」と、告発していた。

数日後、警察署から電話があった。「あれは産廃じゃありません。埋め戻し材として商標登録してあり、それを作った石原産業はリサイクル製品だと言っています」

「本当なの？」。米川は半信半疑だった。

亀山市辺法寺の山林に大量の赤い土が持ち込まれていた。業者が「土砂をとったあと、埋め戻しするから」と言って、巨大な穴を掘り、その後におびただしい量の土を埋めた。山を削って穴を掘り、そこに赤い土を埋める。そのやり方はみな共通していた。

赤い土は「フェロシルト」と呼ばれ、一部上場の化学メーカー石原産業（本社・大阪市）の四日市工場で製造されていたのである。

2 放射線

赤い土から放射線を検出

二〇〇四年秋を過ぎたころになると、岐阜県と愛知県の県庁や市役所には、住民が頻繁に苦情を寄せるようになっていた。

瀬戸市の加藤徳太郎市会議員は一二月二日、市議会で北丘町に持ち込まれたフェロシルトについて質問した。すでに北丘町では、流出して川を汚染する事件が起き、地元住民の不安が高まっていた。加藤は市民派の議員として環境問題に熱心で、愛知万博を自然保護や税金の使途の面から批判していた。北丘町の問題も事前に勉強し、フェロシルトがチタン鉱石から酸化チタンを作る過程で作られ、それが微量の放射線を出すことをつかんでいた。

「大量の盛土や土砂流出にどう対応するのか。持ち込まれた土に放射性物質が含まれていると聞いているが、影響はないのか」

加藤の質問に、市の幹部は「土砂の流出は事業者が住民と共に撤去したと聞いています。フェロシルトはリサイクル品であり放射線の影響はない。土壌改良材として問題ないとして出荷していると聞いています」と答えた。

しかし、加藤の要請もあり、翌日、市は現地に放射線の測定器を持ち込んだ。四カ所の測定値は、〇・一三〜〇・二六マイクロシーベルト／時。道路との境界で測った〇・一二〜〇・一七マイクロシーベルト／時を若干上回る程度で、市は「問題にするような値ではない」と結論づけた。

シーベルトは放射線量の単位で、国は、通常の人の放射線量の限度を年間一ミリシーベルトと定めている。これとは別に自然界から出る放射線量は一ミリシーベルトあり、年間二ミリシーベルトが人が浴びてもいい許容限度となる。実際には一時間当たりの放射線量を測定するので、時間当たりにすると〇・二二八マイクロシーベルトになる。これを上回っていたのはフェロシルトがむきだしになっていたところだけで、覆土すると半分以下になる。市は、石原産業が施工の基準にしている五〇センチの覆土をすれば問題ないと片づけた。

しかし、加藤は納得しなかった。「チタン鉱石は産地によって差はあるが、いずれも放射性物質を含み、微量でも人体を汚染する。危険にさらすようなことを人為的にやるべきではない」

　一九九〇年にこのチタン鉱石による放射線が問題になったことがある。岡山県の産廃処分場から高い放射線量が測定されたのがきっかけである。これは、酸化チタンの製造工程から出た産廃が原因で、海外から輸入したチタン鉱石自体に放射能が含まれていたからだった。酸化チタンを製造する工場と、この産廃が持ち込まれる埋め立て処分場のどちらにも放射線量の規制はなく、石原産業四日市工場では、市民団体が鉱石置き場を調べると、高い放射線量の値を検出していた。さらに工場や処分場の従業員の健康だけでなく、工場や処分場が汚染源となって、周辺住民も曝露しないかと、不安が高まった。

　工場が出す排水や排煙は、水質汚濁防止法と大気汚染防止法で重金属などの有害物質の排出基準が定められている。工場には測定が義務づけられ、自治体は違反がないか立ち入り調査して自ら測定する。悪質な業者には操業停止を命じる権限もある。一方、放射線は、放射線障害防止法、労働安全衛生法などで規制されてはいるが、酸化チタンの製造現場は枠外に置かれていた。そこで通産省と労働省は全国の酸化チタンの製造工場の調査を始めた。そして九一年、「放射線量は微量で労働者の健康に影響はない」との結論を出した。そして関連する四省庁の名前で、「チタン鉱石問題の対応方針」という通知を出した。▼チタン鉱石を使う工場は定期的に測定する▼敷地境界の放射線量を自然由来だけの数値を指すバックグラウンドレベル程度に保つ▼工場から廃棄物として持ち出す時は放射線量が〇・一四マイクログレイ時（〇・一二八マイクロシーベルトに相当）以下に限ることとした。

石原産業もこれに従い、産廃を処分場に持ち込む時には測定し、基準内におさめてきた。フェロシルトも工場から出荷する時に測定し、「基準内におさまっている」と、瀬戸市などの自治体に説明していた。チタン鉱石の輸入先も放射線量の高い国から低い国に変更するなど、この問題に気を配ってはいた。

ただ、この国の基準はいまどう評価されるのか。例えば、原子力発電所から出る放射性廃棄物について原子力安全・保安院は、クリアランスレベルという、人体に影響がなく特別の処理をする必要のない数値を決めている。その年間一〇マイクロシーベルト、時間当たりにすると〇・〇〇一一マイクロシーベルトという数値は、ＥＵ（欧州連合）などの動向を見て決められたものだが、先の国の通知と比べると一〇〇倍厳しい。原発のごみと、自然界にあるチタン鉱石を同列には論じられないが、早晩、見直すべき問題である。

住民助ける研究者が警告

放射線問題に詳しい河田昌東・四日市大学非常勤講師（環境科学）を訪ねると、河田は素人の私に親切に解説してくれた。

「粉じんが呼吸を通じて体内に入り、内部被曝がずっと続くと、微量でも安全とはいえない。それに自治体の使う測定器はガンマ線だけを測定するタイプ。アルファ線とベータ線が測られていないから、フェロシルトの測定値はもっと高くなるでしょう」

放射線の被曝には、身体の外から放射線を受ける外部被曝と、身体中の放射性物質から放射線を受ける内部被曝の二つがある。普通は、衣服など身体の表面で吸収されてしまうので体の奥に到達しない。ガンマ線はこの透過力が大きく、普通はガンマ線で安全かどうかを判断している。一方、アルファ線は空気中を通り抜ける距離は数センチしかなく、外部被爆の危険性はほとんどないが、体内に入ると大きな影響を与える。

河田はこの内部被曝の危険性を指摘しているのである。

河田は東京教育大学から名古屋大学大学院に進み、秀才の誉れの高かった人物である。六〇年代から七〇年代の大学闘争から四日市公害などの公害問題にかかわり、反原発、遺伝子組み換え問題に取り組んできた。定年を名古屋大学助手で迎えた反骨の人である。

その河田に岐阜県可児市の宮島鉦二が助けを求めた。すでに有限会社潮は、一万トンのフェロシルトの山を築き、一刻の猶予もならなかった。市民団体から河田のことを知り、調査を要請した。

三月、河田は測定器を持って現地に現れた。深さ二〇メートル近くまで掘った跡にフェロシルトが埋められ、その上に山積みされていた。測定すると、フェロシルトがむき出しになったところでは自然界の二倍の数値を記録した。河田は集まった約三〇人の住民に「飛散しないような対策が必要だが、フェロシルトは本来、産廃として処分すべきではないか」と述べた。

岐阜県東部はもともと自然由来の放射線量が全国の平均値より高いことから、神経質な市民も多い。しかし、国の通知による基準はほぼクリアしており、市民団体がいくら放射線を持ち出しても、撤去させるだけの法的根拠はない。それが、石原産業をして「放射線は測定して基準以内にしている。施工方法に問題があっただけだ」と居直らせる根拠を与えてもいた。

そう聞いても、宮島らは納得できるはずもなかった。潮の浅野信之社長の了解をとって、埋立地を調べてみた。「埋めた場所はここだけで、隣は埋めていない。きれいなもんだ」。浅野がそう言い張る場所を自治会の仲間と掘った。シャベルで四〇センチほど掘り進むと、赤いものが見えた。フェロシルトだった。瀬戸市北丘町でやったことをここでも繰り返していたのである。

「この会社は信用できない」。宮島たちは、フェロシルトを製造、販売した石原産業に連絡し、現地に来てもらうことにした。

大森の集会室に現れたのは、佐藤驍《たけし》・副工場長と、宮崎俊・環境保全部長、それに三重県の岡本道和・ごみゼロ推進室長だった。

「産業廃棄物ではないのか」と追及する住民に、宮崎は「三重県からリサイクル製品として認定をもらっている。八人の専門家が認可しているので何の問題もありません」と強調した。隣に座った岡本も「県は、埋め戻し材と認定しています」と石原産業の肩を持った。

こうした説明会は二〇〇五年になってあちこちで開かれた。岐阜県では土岐市や瑞浪市で川が汚染されたりして住民が立ち上がっていた。瀬戸市北丘町では、自治会や市民団体が撤去を要請した。こうした住民の声に驚いた石原産業は、幹部自らが出向いて説得して回った。砂防工事が不十分だったり、覆土が不十分だったりしたところは、工場出荷時に業者に求めた施工基準が守られていないからだとし、石原産業が責任を持って施工させる、と約束した。

「隠し事せず」との訴え届かず

こうした住民とのトラブルは、本社にどう報告され、経営陣はどのように認識していたのだろうか。

石原産業副社長の矢野元啓は三井物産から送り込まれた外様の取締役だった。三井物産は石原産業と商売上の取引があり、親会社と見なされる一五％以上の株を保有し、歴代、副社長を送り込んでいた。石原産業には地球環境委員会が設置され、年に二回、本社で開かれる。本社、支社、工場の部長級以上が集まり、環境保全に関する情報交換が目的である。副社長として環境保全部門と法務を担当する矢野もメンバーの一人である。

二〇〇五年はじめに開かれた委員会で初めてフェロシルト問題が報告された。この日は約一〇人が出席した。四日市工場の幹部が、これまでの簡単な経緯を説明し、「指示通りの使い方をしなかったことで予期せぬトラブルが起こった。フェロシルトはリサイクル製品で何の問題もない。事情を相手に説明し、対応したい」と述べた。

通り一遍の説明に、不安を抱いた矢野はこう発言した。

「これまでいくつか取引先と直面し、対応の仕方で相談を受けたことがある。隠そうとしたり打つ手が後手後手に回ったりし、大変な問題になったこともある。これらを見るとみな対応の仕方に問題があった。誠実に対応することで相手はわかってくれる。住民との信頼関係で一番重要なことは隠し事をしないことだ。ここまではやれる、これ以上はやれないとはっきりさせ、誠実に対応しないと解決できない」

矢野は三井物産時代に手痛い目にあったことがある。首都圏のディーゼル規制に伴い、三井物産の子会社がトラックの出す排ガスから有害な粒子状物質を除去する装置を販売していた。ところが東京都から除去装置の認定を受ける際、偽のデータを出して性能をごまかしていたのだ。矢野は偽装工作後に幹部として就任、販売の陣頭指揮をとっていたが、裏でこうした偽装工作が行われていたことを知らずにいた。その後、石原産業に取締役として送り込まれた。二〇〇五年六月、元三井物産の社員ら三人が警視庁に詐欺容疑で逮捕された。三井物産は当時かかわった幹部の処分を行い、矢野もその責任をとらされ副社長をやめた。

石原産業は、三井物産が行った犯罪を、もっと悪質で組織的に行っていた。しかし、その後の石原産業の動きを予言するような矢野の発言を、誰も気にかけようとはしなかった。

岐阜県が六価クロム検出

フェロシルト問題に大きな転機がやってきたのは二〇〇五年六月九日。岐阜県がフェロシルトの埋設地から環境基準を超える六価クロムとフッ素が検出されたと発表したのである。住民から苦情が寄せられ、五月、県環境生活部は県内のフェロシルトの造成地の土壌を分析した。これまで自治体は市民団体の要求を呑む形で放射線ばかりを調査し、逆にフェロシルトの安全性を証明してやるような結果に陥っていた。

それに対し、県は重金属など土壌の環境基準の項目を調べたのである。当時、環境生活部長だった猿渡要司は、こう打ち明ける。

「規制のない放射線をいくら調べてもどうしようもない。それなら、規制のかかった土壌の項目を徹底的に調べろと指示した」

この指示が功を奏し、瑞浪市など四カ所のうち三カ所で土壌環境基準（一リットルあたり〇・〇五ミリグラム）の三倍から一五倍の六価クロムが検出された。フッ素も基準を超えた。一方、放射線量は三カ所で調べたが、フェロシルトのない場所と比べてほとんど差はなかった。逆にフェロシルトが覆土されていると普通の土地よりも低い結果が出た。

環境生活部は小躍りせんばかりに喜んだ。

鋭く反応したのは、放射線にこだわる市民団体ではなく、石原産業だった。岐阜県が発表すると、すぐさま、「フェロシルトが使用された地域で安全確認を行い、地権者と協議してフェロシルトの自主回収を含めて必要な措置をとる」と、撤去の方針を発表した。そして三重県から認定を受けていたリサイクル製品の認定を取り下げてしまったのである。

私はそれまでフェロシルト問題に関心を抱きながら、いまひとつ乗り気になれなかった。

放射線をいくら問題にしても、撤去させる根拠にならないと考えたからだ。撤去させるなら、廃棄物処理法で自治体が産廃と認定し、撤去命令を出すか、さもなくば、製造物責任（PL）法で不良品と認定するしかない。

東京六価クロム汚染とつながる糸

六価クロムと聞いて、私は石原産業と六価クロムを結ぶ不思議な糸の存在を感じた。かつて石原産業が酸化チタンの製造に使った後の廃硫酸を四日市港にたれ流す事件を起こしたことがあった。摘発したのは四日市海上保安部の警備救難課長・田尻宗昭。田尻は公害の摘発に執念をかけた。東京都知事の美濃部亮吉にスカウトされた田尻は、都庁で公害Gメンとして活躍する。その田尻が取り組んだのが、日本化学工業の六価クロム汚染事件だったからだ。

規制のなかった時代、同社はクロム鉱滓を江東区と江戸川区のあちこちに埋めて処理していた。それが七〇年代になって地下鉄工事を機に見つかり、一九七五年に市民団体が告発し、一気に火を噴いた。東京都で原因究明と対策の陣頭指揮をとったのが都公害局規制部長になったばかりの田尻だった。都は一七二カ所の埋設地を調べあげ、六価クロム鉱滓は三三万トンにのぼることがわかった。同社から資金を出させると、同社の工場を引っ越しさせた跡地に一〇〇〇ppm以上の鉱滓を集め、無害化処理して埋めた。そして、緑化し跡地を公園にした。しかし、解決したはずのこの事件はいまも尾を引いている。クロム鉱滓の跡地はなお、あちこちに散在し、開発行為のたびに発見されている。

東京都江戸川区の荒川沿いの一画で、排水対策のポンプ場の建て替え工事が行われている。よく見ると、汚染土壌の浄化装置が設置されている。クロム鉱滓を処理しているのだ。建て替え工事のために地面を掘り返したら、昔埋められていた鉱滓が大量に見つかった。浄化して埋め戻しているが、住民に知れわたるとまずいという判断なのか、周知することもなく、こっそり行われている。都の担当者は「公表してまた住民に騒がれたら困る」と私に打ち明けた。

石原産業の摘発後、田尻がまっ先に取り組んだ六価クロム汚染が、こうして石原産業に舞い戻ってきたのか――。何かの因縁を感じながら、石原産業本社に向かったのはその約一〇日後の六月二一日だった。

本社は、「安全」強調

大阪市西区にある新石原ビルは、地下二階、地上一八階の瀟洒なビルで、関連会社が入居するほか、二回には石原ホールがあり、コンサートも開いている。そのビルの応接室で迎えたのは、藤田勝専務と炭野泰男・経営企画管理本部長の二人だった。

「岐阜県が六価クロムを検出したと発表しました。それを認め、自主撤去するのですね」

藤田専務はにこやかに応じた。

「いや、誤解なんですよ。私たちはフェロシルトに六価クロムが含まれていると認めているわけではありません」

「じゃあ、岐阜県の発表がうそだと」

「そうはいいませんが、例えば他の場所から持ち込まれた可能性もある」

「誰かが汚染土壌あるいは産廃を持ち込んだとでも？」

「それはわかりません。でも、うちはフェロシルトを工場で測定していますが、六価クロムは検出されないのです」

「六価クロムが石原産業の責任じゃないというのなら、なぜ、自主撤去するんです」

「岐阜に持ち込まれていることを私たちは予想もしなかったんです。フェロシルトは愛知県や三重県で埋め戻し材として使うという契約で販売しています。それが、愛知県の埋設地から岐阜県に持ち込まれ、不適切な利用があった。不安に思う住民の方もいる。施工業者の責任だが、販売時に施工方法を徹底できなかったというメーカーとしての責任もある。それで施工管理に問題のある場合は、住民の不安を解消するために引き取ることにしました」

「不良品だから回収するということですか」

「フェロシルトは土と混じると堅くなる性質があり、埋め戻し材に最適だと評判もいいんです。あくまでリサイクル製品であり、循環型社会のために貢献できる製品だと思っています。引き取りは、施工に問題がある一部の埋設地に限ります。ほかのところで引き取る必要はありません」

「放射線の件はどうですか」

「工場で毎日測定し、問題のある数値は出ていません。鉱石の質によって数値が変わってきますから、南アフリカなど放射線量の少ない鉱石に転換しています。値段は高くつきますが」

「そんなにいい製品なのに、その後、三重県にリサイクル製品の認定の取り下げをしています。なぜですか」

「ごく微量の放射線が出るだけでも住民の理解が得られない。それで取り下げました。それに四月に生産を停止しています」

「なぜ、生産をやめたんです」

愛知県瀬戸市北丘町の埋設地を掘り起こすと、フェロシルトが現れた

フェロシルトは赤茶色で粘土のようだ。（写真：岐阜県提供）

瀬戸市北丘町に埋められたフェロシルトの山。覆土しているので外からはわからない

「すでに七二万トンを販売しましたから」

藤田専務は都市銀行の出身らしくそつのない受け答えを続けた。専門的な話になると、炭野本部長が助け舟を出した。

放射線は基準を満たしているのに、住民の理解が得られないといっていとも簡単にやめてしまう。法的責任がないのに企業の社会的責任を持ち出し撤去する。おまけに県のリサイクル製品の認定も取り下げた……。

二人の話を聞けばきくほど、疑念は深まるばかりである。

愛知県でも六価クロム検出

岐阜県が六価クロムの分析結果を公表すると、愛知県は瀬戸市に持ち込まれたフェロシルトの撤去を石原産業に求めた。しかし、「瀬戸では六価クロムは出ていない」と拒否された。そこで県は、瀬戸市内三カ所でフェロシルトを採取、分析を始めた。

ところが、環境基準を上回る数値が得られない。後からわかることだが、フェロシルトは土と混じって埋められている。だから、その分薄まってしまうのだ。フェロシルトそのものを採取できるかが、課題だった。

だが、幹部はあきらめず、部下に号令をかけた。

「岐阜県で出たのに愛知県で出ないはずがない。もう一回、サンプルを取ってこい。でなきゃ、さらにもう一回だ。出るまで何回でも続けるぞ」

七月に入り、私は県の関係者から密かに分析結果を得た。岐阜県と同様、高い数値を示していた。それをいち早く報じた後、県の担当者を訪ねた。数値は最高で二・〇ミリグラムと基準の四〇倍、他のサンプルも多数が基準を超えていた。フッ素も最高四・八ミリグラムと基準（〇・八グラム）の六倍あり、満足できる数値である。担当者は大きな手応えを感じていた。

3　告発

一本の電話

　四日市市の中心街から北に向け、しばらく車を走らせると、コンビナートの煙突や原油タンクが見える。やがてのどかな田園地帯に移る。その先に小さな建物がある。私と四日市支局員の二人はある人物からそこを指定されていた。

「一部上場企業である化学メーカーの石原産業が、産業廃棄物をリサイクル製品と嘘をついて、あちこちに埋めている」。名古屋市にある朝日新聞名古屋本社に匿名の電話がかかったのは二〇〇五年六月のことである。

　こうした情報提供は「たれ込み」と呼ばれ、調査報道や事件報道の端緒となる。しかし、有力な情報もあれば、いわゆる「ガセねた」で終わることも多い。この石原産業についての情報は、石原産業の工場がある四日市支局に伝えられた。

私は、岐阜県の調査でフェロシルトから六価クロムが検出されたことを知り、取材を始めたばかりであった。本社を取材したあと、四日市支局に立ち寄った。支局員の奥村輝記者と何げない雑談をしていて、たれ込みがあったことを初めて知った。この件で奥村記者が接触を試みており、さっそく仲間入りすることにした。

約束した場所に男は現れた。あらかじめ私たちの身なりを教えておき、確認に時間はかからなかった。だが、緊張して肩をこわばらせている。

男が手提げの黒のバッグから大事そうに何枚からの文書を取り出した。数字と記号が並ぶ。WA、COS、Mud。イニシャルのような文字と数字がびっしりとある。

「これは何ですか?」

「石原産業の販売しているフェロシルトが産業廃棄物であることを示す証拠です」

ある関係者から手に入れたのだという。男は紙を並べ、指さした。

「これはフェロシルトの製造施設の操業月報の一部です。WAとは廃酸を指し、酸化チタンの製造工程から出たものです。そのWAの隣にCOSという文字がついていますね。COS―WA。これは塩素法といわれる酸化チタンの製造工場から出た廃酸です」

男に会うまでに数日あり、私は石原産業についてパンフレットや図書館で借りた専門書から素人なりに最低限の知識を得ていた。

石原産業四日市工場は、輸入したチタン鉱石から酸化チタンを作っている。酸化チタンは白色の顔料で、自動車、電気冷蔵庫などの家電製品、ビル、住宅、化粧品、インキ、蛍光灯、化学繊維、ゴルフボールなど広い範囲に塗料として使われている。耐熱性や耐候性、耐薬品性にすぐれ、地味ではあるが、日本の産業になくてはならない存在である。

国内に酸化チタンを造るメーカーは何社かあるが、石原産業は二位のテイカ（本社・岡山市）を大きく引き離し、国内生産量の半分近いシェアを占めている。世界ランキングでも六位に入る。このほかにも農薬、機能材、医薬品の原薬なども製造している。年間約一〇〇〇億円の売上高の大半を酸化チタンと農薬で二分するが、農業の衰退や環境問題で国内需要が低迷する農薬に比べ、酸化チタン部門は文字通り石原産業の屋台骨を支えている。

四日市工場は七〇ヘクタールの広大な敷地にあり、酸化チタンは製法を異にする二つの工場からなる。一つは「硫酸法」、もう一つは「塩素法」と呼ばれ、いずれもチタン鉱石を原料とする。現在、利用している原料は砂の形をした砂鉱が中心で、これを比重、磁力選別してチタンの比率を高めたイルメナイトや、電気精錬したスラグ、酸で濃縮した合成ルチルなどにして使っている。

硫酸法は、酸化チタンの最も一般的な製法だ。原料を硫酸と反応させ、熱を加えて鉄、クロムなどの不純物と硫酸を除去し、白色のケーキ状になった水酸化チタンを回転炉（ロータリーキルン）で焼成すると、酸化チタンができる。この方法で年間八万六〇〇〇トン製造している。トラブルの少ない製法だが、製造に使った大量の廃硫酸の後始末が課題だ。

製造の過程で炭酸カルシウムなどを投入して中和処理、石膏を回収し、残りは鉄などの不純物を含むアイアンクレイ（鉄の土）と呼ばれる産廃汚泥になる。これは工場外の産廃処分場で埋め立て処分している。大量の廃硫酸とアイアンクレイが発生するのが弱点だ。

塩素法は、原料を塩素と反応させて四塩化チタンにし、不純物を取り除いて高温で燃焼、酸化チタンを取り出す製法だ。年間六万八〇〇〇トンを生産し、硫酸法と比べて発生する産廃は少ない。しかし、有毒の塩素ガスが発生するなど、運転管理が難しい。国内メーカーで塩素法を導入しているのは石原産業だけだ。

フェロシルトに産廃を混入？

酸化チタンの専門書には、ざっとこんなことが書かれていたが、廃水処理についてはほとんど記述がなかった。それを告げると、男は、私のノートにボールペンで製造のフロー図を描き始めた。

「工場排水といってもいろんな排水があるんです。例えば、硫酸法の工場からはA－1系といわれる濃硫酸（H硫酸）とやや薄い硫酸（N硫酸）、C－1系と呼ばれる濃硫酸（H硫酸）、マッドスラリー（Mud）と呼ばれる排水、その他の雑排水がそれぞれパイプラインごとに分かれて出ています。塩素法の工場から出た排水は、CL雑水と呼ばれる排水、COS排水があります。隣の日本アエロジルの工場から引き受けたNAC－Aと呼ばれるアルカリ性の排水とNAC－Bと呼ばれる酸性の排水。さらに農薬工場からの排水もあります」

「フェロシルトは、どの系統の排水で作られているのですか」

「石原産業は、硫酸法の工場排水で作っていると言っています。工程を見ると、途中で炭酸カルシウムを中和槽に入れて中和します。この廃液をシックナーと呼ばれる分離装置でかき混ぜ、沈殿物は石膏の原料に、上澄み液は別の中和槽に送ります。そしてシックナーに送ります。さらに沈殿物から再び石膏を回収し、上澄み液は別のシックナーに送ります。こうした工程を繰り返し、最後に残った上澄み液を海へ流します」

「残った沈殿物は？」

「排泥タンクにいったん溜め、そこからフィルタープレスに送り脱水します。このカスがフェロシルトなんです」

「石膏をとってリサイクルに回す。その後、最後に残った排水のカスからフェロシルトを作っているというわけですね」

「石原産業の説明ではね。ところが違うんですよ。このフェロシルトを作る硫酸法のラインと、塩素法から出る産廃のアイアンクレイのラインがパイプでつながり、塩素法の排水が混入するようになっているんです」

「塩素法の排水を混ぜてまずい理由があるのですか」

「一つは、硫酸法の排水だけでフェロシルトを作ることを条件にして三重県からリサイクル製品の認定を得ていることです。もう一つは、アイアンクレイになる排水を混入しているんだからフェロシルトもアイアンクレイもほとんど性状が同じになってしまいます。一口でいうと、フェロシルトは産廃を混入して作っているのです」

「それを示すのが先の文書ですか」

もう一度、文書に目を落とす。

操業月報は、排水の名称とその量があり、隣に産出物としてA石膏、C石膏、フェロシルト、アイアンクレイの欄がある。例えば、二〇〇三年一月を見ると、塩素法の工場から出たCOS排水は九二三九立方メートル排出され、中和剤として炭酸カルシウムが四一五トン、生石灰が二七一トン投入されている。その結果、八七九トンのフェロシルトと八七九トンのアイアンクレイが生産されたと記されている。また硫酸法の廃硫酸であるH硫酸、N硫酸、

		処理物		中和剤			凝集剤			消泡剤	産出物			
		m3	TA t	炭カル t	生石灰 t	48%NaOH t	AP−105 Kg	NP−800 Kg	A−11T Kg	NP−104 Kg	A石膏 Wt	C石膏 Wt	フェロシルト Wt	I. C Wt
A	H-WA+透析	8661	2943.70	2445.215	297.128						4069.894	785.157	2378.236	0.000
	N-WA	68456	4328.30	3615.614	447.328						5902.508	1150.040	3586.146	0.000
	小計	77117	7272.00	6060.829	744.456		118		40		9972.402	1935.197	5964.382	0.000
B	Mud+S-WA	59828		296.948	88.217								2450.875	774.429
	CL雑水	34100			159.984									122.555
	BS雑水	4960			150.925									44.565
	その他雑水	7433		27.844	46.829									53.428
	排脱スラリー	7440												13.370
	COSスラリー	9239		415.304	271.221								879.925	879.925
	NAC−A廃水	1482												0.000
	NAC−B廃水	8348		114.921										0.000
	小計	136477		855.017	717.176			420		0			3330.800	1888.272
C	H-WA+透析	17754	6034.30	5012.453	0.000						8342.889	1609.496	0.000	0.000
	S-WA	0		0.000							0.000	0.000		
	小計	17754	6034.30	5012.453	0.000						8342.889	1609.496	0.000	0.000
D	NAC−B廃水	11995		0.000	112.553								123.713	
	小計	11995		0.000	112.553		294		100				123.713	
MT	精製液	55755				751.150								
	小計					751.150	212		72					
A−2	S-WA	18029			70.085						65.809	20.267	154.955	
	排脱スラリー	0												
	精製Th−UF	7600												
	小計				70.085		294		100		65.809	20.267	154.955	
C−2	磁生スラリー	18163												11.910
	砂ろ過スラリー	18600												8.538
	小計	36763					552		188					20.448
合計		298135	13306.30	11928.299	1644.270	751.150	1470	420	500	0	18381.100	3564.960	9573.850	1908.720

石原産業が作ったフェロシルトなどの操業月報(2003年1月)

フェロシルトとアイアンクレイの生産量

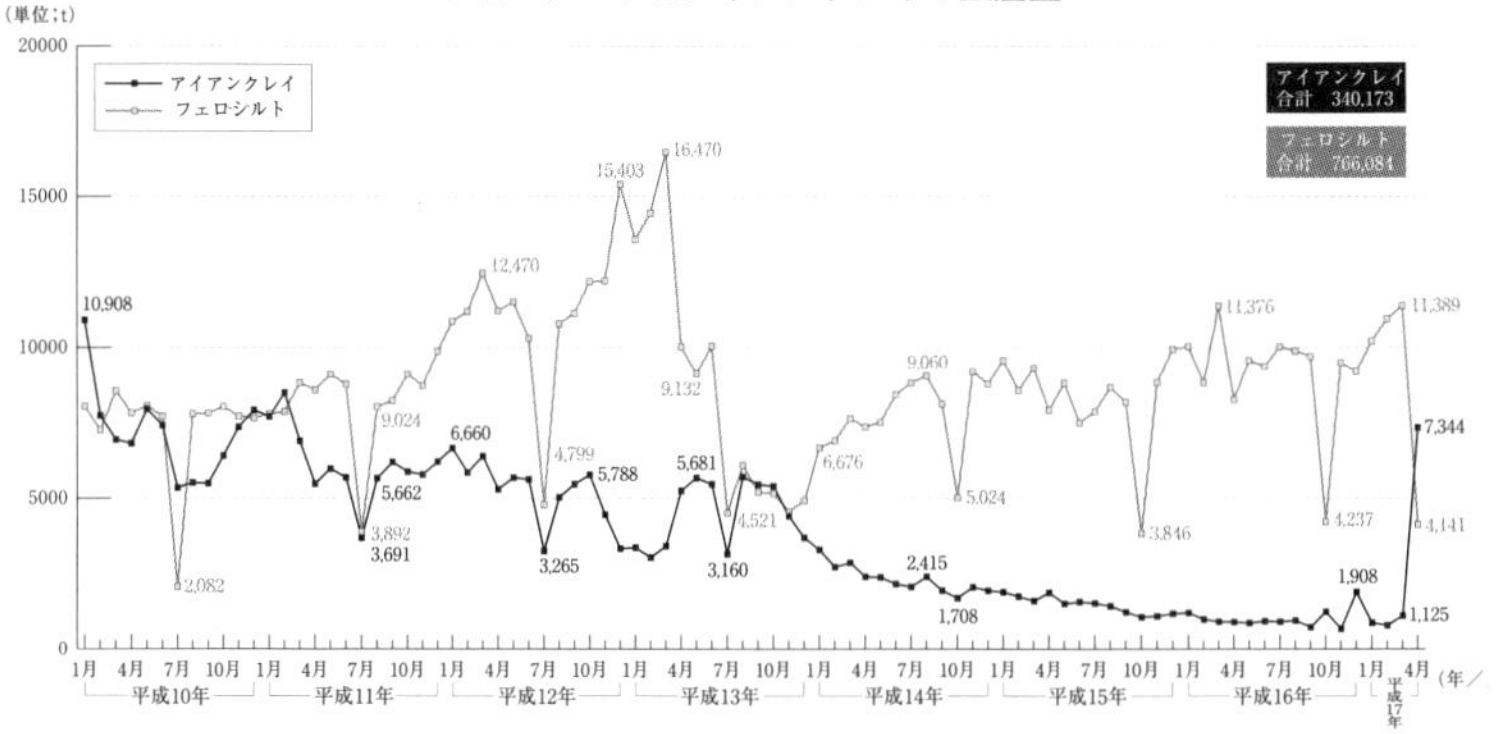

マッドスラリー計一三万六九四五立方メートルからフェロシルトが八四一四トン生産されたことを示している。他の工場から引き入れたというNAC―B排水からもフェロシルトを製造していた。さらに二〇〇五年三月にはCOS排水が一万三〇一〇立方メートルに増え、フェロシルトも三一五六トンに増加しているのに対し、アイアンクレイはわずか四三二トンである。月を追うにつれ、フェロシルトが増えアイアンクレイが減っていた。

産廃となる工場排水を混入したから六価クロムがフェロシルトから検出されたのか。硫酸法の工場排水に比べてどれほど有害性が高いのかは、この月報からはわからない。しかし、少なくとも石原産業がリサイクル製品の認定を受けた製法を守らず、産廃を意図的に混入していたことはわかる。

だが、それはこの文書が本物であることが前提である。男は一切素性を明らかにしない。

「これ、本物ですか。それにあなたの名前も肩書きも明かしていただけない。説明されてもどこまで信用していいのか」。私の遠慮がちな質問に、男は「これからが記者さんの踏ん張りどころです」と言った。

コピーを手に入れて小躍りしながらも、それをどう詰めていくか。私たちは困惑しながらも、石原産業追及の一ページの始まりだと確信した。

4　攻防

専門家の指摘

提供された資料が本物なのか、石原産業の現職の社員に会って確認しなければならない。内部に協力者を作り、内部資料を収集し、証言を積み重ねたい。それに情報を提供してくれた男は何者なのか。石原産業の社員か、ＯＢか。正義感か、それとも怨恨が原因か。詰めるべきことは山ほどあった。

取材チームといえるほどではないけれど、津総局の事件取材にたけた本田直人記者が入り、三人の取材体制が整った。やや古いが石原産業の社員リストも入手し、めぼしをつけた社員を回ることにした。

同時に専門家に会って知識を得る必要があった。私は、東京都文京区にある循環資源研究所に村田徳治所長を訪ねた。研究所といっても、古ぼけたマンションの一室だ。しかし、インチキくさい研究所が跋扈する中で、ここは政府機関も一目置く存在だった。村田所長は化学会社の研究員を経て独立し、工場の管理や廃棄物の分野に詳しい。

男から聞いた話や図書館で付け焼き刃で得た知識をもとにあらましを説明した。

それまで黙って耳を傾けていた村田が口を開いた。

「チタン鉱石にはクロムのうちもっぱら三価クロムが含まれているんだ。だから酸化チタンの製造工程の排水にも混じっている。でもこの三価クロムは六価クロムと違って有害性がない。この三価クロムが六価クロムに変わるには、アルカリ性にしてやらないといけないですよ」

「酸化チタンを作るのに使った廃硫酸を薬剤で中和しています。その時にpH（水素イオン濃度指数）が安定せずにアルカリ性になれば六価クロムが生成するというわけですか？」

「いや、そう簡単じゃない。フェロシルトというぐらいだから、鉄が含まれているはずだ。フェロは鉄、シルトは汚泥という意味だろう。もし三価クロムが六価クロムになっても、一方の鉄の酸化反応で、六価クロムが還元されて三価クロムに戻ってしまうんだ。これ酸化還元反応っていうんだけど……」

やや混乱気味の私の顔を、村田はのぞき込んだ。

酸化還元反応とはこうだ。手元にある『やりなおし高校の化学』（ナツメ社）にこういうことが書かれている。スチールの包丁は最初は白く輝いているが、時間がたつと赤錆が出てくる。これは鉄が酸素と反応して酸化鉄になったからである。このようにある物質が酸素と結びついたときにそれが酸化されたという。一方、炭を燃やすと熱を出して二酸化炭素になる。このように酸素と結びついた物質から酸素が取り除かれた時、その物質は還元されたという――。

フェロシルトの製造工程ではこの酸化と還元の作用が同時に起きているのだ、と村田は言った。

「チタン鉱石にはもともと二価の鉄が含まれる。これは沈殿せず排水中に残ってしまうから、これを三価の鉄にして沈殿させて回収している。三価の鉄は水酸化鉄と呼ばれるんだが、これは六価クロムを還元して三価クロムに戻す作用があるんだ」

「塩素法による排水が混じったことが影響している可能性は？」

「どんな物質が含まれているかによるから何とも言えないね。ただ、いろんな工場排水を混ぜればpHの管理は難しくなる。フェロシルトの品質も悪くなることは間違いない。それにチタン鉱石には微量だけれども六価クロムも含まれている」

「六価クロムが生成しやすくなるのはどんな時ですか？」

「空気に触れると酸化が進むから、例えば、反応をよくするために空気を吹き込んでやったりするとなりやすい」

究明には至らないが、アルカリ性になった時、空気に触れると酸化が進み、六価クロムが生成しやすいことがわかった。

同業他社は「まねができません」

しばらくして私は、男の伝手《つて》を頼って、ある関係者から工場排水のフロー図を入手した。情報提供してくれた男の説明ではもう一つわからなかったことが、この図で一目瞭然である。どの工場排水がどのようにパイプラインをたどってフェロシルトとアイアンクレイになるのかが描かれている。硫酸法と塩素法をつなぐパイプもしっかり書かれてあった。空気の吹き込みも示されていた。また、隣接する日本アエロジルの工場の排水を引き込んでいることも記されている。

フロー図は工場に保管されていたもので、表紙には作成した管理職の印があった。社員名簿を繰るとその名前があり、役職も一致した。本物にほぼ間違いなかった。

それを持って、私は岡山市に向かった。

酸化チタンメーカーのテイカは売上高約二七〇億円、業界第二位の会社だ。図書館で見つけた酸化チタンの専門書は、テイカの元研究所長が著していた。そこでテイカに連絡したところ、現職の所長と工場長が取材を受けてくれることになった。

新幹線の中で私はフロー図をノートに書き写した。現物を見せて、もしテイカが石原産業に漏らすようなことがあれば、廃棄処分されてしまうことを恐れたからだ。フロー図は、一日何トンの炭酸カルシウムを投入するかといったことまでこと細かく書かれており、工程ごとの物質収支が記されていた。製法を記した極秘資料である。

この部分を隠して書いたフロー図を清野学所長に見せた。所長は「だいたい、この通りですね」と言って、個々の工場排水につけられた名前の由来を説明してくれた。

古城康治工場長が言った。「実は岡山県から、フェロシルトのようなリサイクル製品が作れないのかと言われたことがありました」

石原産業がフェロシルトをリサイクル製品として製造し、産廃を削減していたことは、岡山県の担当者の知るところとなった。岡山県も財団法人・環境保全事業団を設立し、一九七九年から水島コンビナートの近くに造った海面処分場に産廃を受け入れてきた。しかしもう満杯で、隣に造った新処分場を二〇〇八年から供用し、二〇年間使う予定という。岡山県も三重県同様、テイカの出す産廃汚泥はかなりの量にのぼり、頭を痛めていたのである。

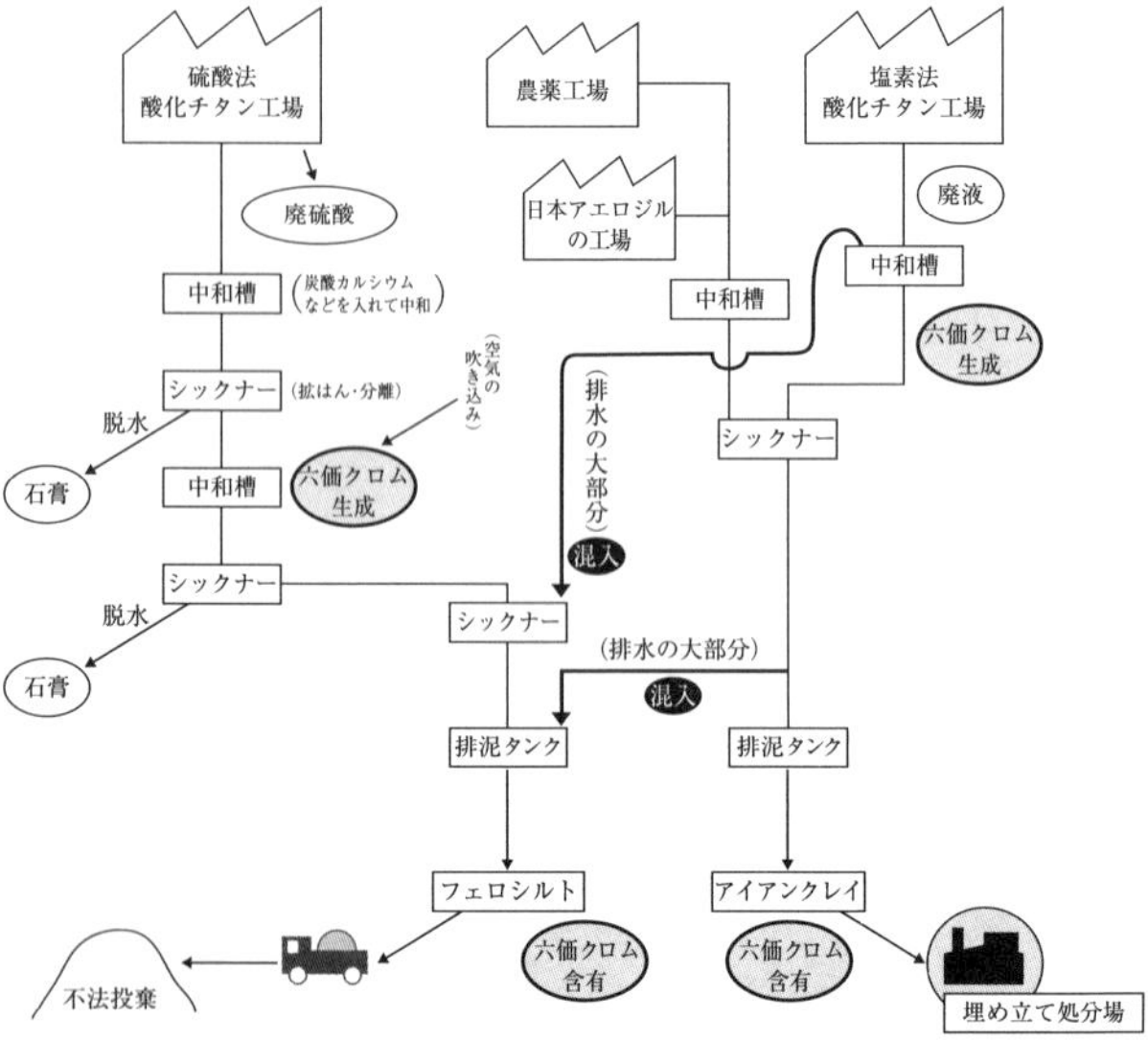

石原産業四日市工場で行われていた排水処理

＊下のフロー図より作成

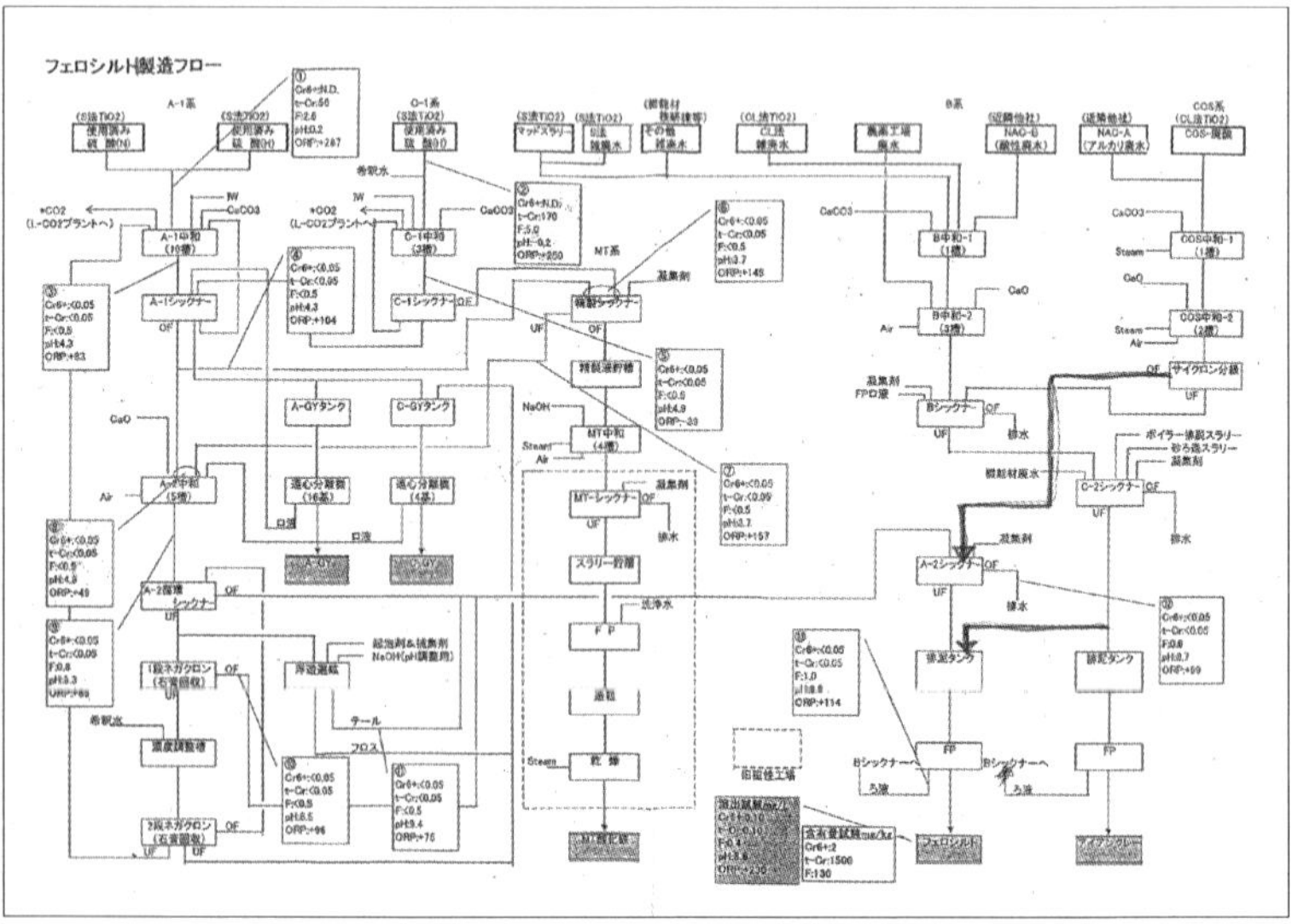

古城工場長は「『うちは石原産業さんのような技術力はありませんからできません』と言って断りました」ときっぱり言った。規模は石原産業より小さいといえど、歴史のある名門企業である。フランクに語るその態度は、些細なことでも隠す石原産業とずいぶん違う。

佐藤副工場長の失脚

私たちが取材にとりかかった六月、四日市工場では大事件が起きていた。フェロシルトの製造と販売両面で陣頭指揮をとっていた佐藤副工場長が副工場長と取締役の職を解かれたのである。

五日、子会社の石原ケミカルの管理職たちの前に現れた佐藤副工場長は、顔を紅潮させて怒鳴った。「お前らのおかげで俺のボーナスがなくなったやないか！」

佐藤は石原ケミカルの専務も兼ね、工場の事務棟三階にある副工場長室に管理職を呼びつけては指示を出していた。住民とトラブルが起きていた岐阜県のフェロシルトを自主回収する事態となり、生産も停止された。佐藤は苦境に立たされていた。

「ボーナスがなくなった」と怒鳴っているだけではすまなかった。一五日の昼、工場事務所の会議室に石原ケミカルの部課長級の管理職らが集まった。佐藤とのお別れの会だった。

佐藤の退任が決まったのだ。取締役からも外され、石原ケミカルの専務でもなくなる。代わりに顧問への就任が決まったが、事実上の引退である。取締役を退任する場合には盛大な宴会を開くのがこの会社のならわしだった。が、宴会はすでに中止が決まっていた。

佐藤に部下を怒鳴りつけていたかつての姿はなかった。

下を向き、ほとんど聞き取れないぐらいの小さな声でこうあいさつした。「……この問題の責任の半分は俺にもある」。佐藤はまもなく荷物をまとめ、副工場室から去った。

六月二九日、取締役会が終わると、この人事が発表された。もちろん、その意味を石原産業は語ろうとしない。当時、私の質問に幹部は言った。「通常の人事ですよ。佐藤さんは長かったから任期満了です」

箝口令

「まずは、石原ケミカルの社員からだ」。私たちは社員名簿を繰り、目星をつけていった。石原ケミカルは従業員約六〇人のうち、約一〇人の管理職を石原産業からの出向者が占め、残りは石原ケミカルが採用したプロパーの社員である。現場は二交代制で、一勤は午前七時から午後七時まで、二勤は午後七時から午前七時まで汗みどろになって働く。

夜、自宅の前に出てきた社員に尋ねると、おそるおそる言った。

「いつかばれないかと不安だった。こんな詐欺的なことをしていいのか、と仲間内でささやきあっていた。でも佐藤副工場長が怖かった。何かあると、『お前なんかいつでも首にできる』と豪語していたから」

だが、詳しく聞こうとすると、「おれは直接タッチしていないから」と口ごもった。

別の社員宅を回った。

「そんなこと私が知るはずもない」

「何かの間違いじゃありませんか」

「私はそれを知りうる立場にありません」

しらを切るか、黙ってドアを閉めるか、居留守を使うか、反応ははかばかしくなかった。しかし、何回か訪ね、さらに工場本体の社員にも広げるうちに、重要な証言をしてくれる人が幾人か現れた。

私たちが接触を始めると、四日市工場は敏感に反応した。

「Aがフェロシルトのことを聞いて回っている。記者が来たら名前を聞いて名刺をもらえ。何を聞き出そうとしたか報告すること。資料を持っていたらその内容を詳しく知らせろ」

Aとは朝日新聞のことである。私があたった社員の一人が上司に報告し、工場の幹部らが対応策を検討したのである。

しばらくすると、文書廃棄の指示が出た。夏のある休日。管理職らが工場の事務棟に集まった。彼らは、事務所に保存されていた文書を片っ端から集め、シュレッダーに次々と投入した。文書は膨大な量にのぼり、大型のごみ袋がいくつも事務所の入り口に並べられた。それを産廃業者が回収した。複数の関係者はこう言う。「こうした文書の廃棄処分はその後も何回かあった」

フェロシルトに関する文書の改ざんと隠滅工作は、佐藤が指示して行われたものもあった。例えば操業月報は数値の一部を書き変えた。フェロシルト製造の運転、管理を記した作業指示簿の一部廃棄を命じた……。しかし、会社を去ってからも工場の指示で管理職たちが大がかりな文書廃棄を何回か行っていたのである。

パソコンで管理していた操業月報と日報がいっせいに消え、アクセスできなくなったのも佐藤副工場長がいなくなってからのことである。工場は、工場ごとの排水にそれぞれ名前をつけて管理し、処理している。その排水にどのような薬剤を混ぜ、最終的にどれだけのフェロシルトとアイアンクレイができ、排水はどれだけが海に流れるのか。詳細な数字が一覧表にまとめられ、日、月、年ごとに見ることができた。石原ケミカルの事務所と作業所にあるパソコンだけでなく、社内ランを通して四日市工場の工場長、副工場長、さらに管理職も見ることができる。それが、厳格な管理下に置かれたのである。

後にあきらかになるのだが、佐藤が最後に行ったデータの捏造と改ざんは京都府内の埋め立てにかかわるものだった。

京都府加茂町（現木津川市）に持ち込んだフェロシルトについて京都府は、二〇〇五年六月、「岐阜県で六価クロムが基準を超えた。石原産業で加茂町のフェロシルトを分析してほしい」と石原産業に分析を依頼した。石原産業は六月一五日に四カ所で採取したフェロシルトから高濃度の六価クロムを検出した。工場は最も数値の高かったフェロシルトのデータを廃棄し、次に高かったフェロシルトを他の二つの検体に混ぜて薄め、基準以下に調整した上で、検査機関に分析を委託した。それでも検体の一つが基準を超えたためにそのデータを破棄し、残った基準以下の二検体だけを京都府に報告した。

こっそり行われる偽装工作と証拠隠滅の数々。夜、自宅を訪ねた私に、ある社員はいらだちを隠そうとしなかった。

「『Aが来たら報告しろ』という指示が流れ、自宅に上司が確認の電話をしてくる。家族もいい迷惑だ。いったい何を追いかけているのか」

フェロシルト対策委員会

しかし、三重県はまだ石原産業の言葉に寄りかかっていた。

「フェロシルトの製造を突然やめて、あんなに宣伝していたリサイクル製品の認定も取り下げた。まずいことがあったに違いないと思いませんか。このままだとフェロシルトは全部撤去され、あとから犯罪だとわかっても証拠が隠滅されたら後の祭りだ」

県庁で私は、環境森林部の幹部に質した。

「でも、私たちが行った年一回の立ち入り検査では六価クロムは出ない。生産しても売れないから製造をやめ、認定を取り下げたと聞いている」

三重県の反応は鈍かった。

六月二九日の取締役会の後、石原産業に密かにフェロシルト対策委員会が設置された。委員長は田村藤夫社長、副委員長は藤田専務ら四人。四日市工場に分室が置かれ、安藤正義工場長が総括の責任者で、その下に渡辺登夫、宮崎俊ら三人の管理職がついた。その下に一二人の行動班が配置された。行動班の多くは工場の労働組合の役員たちだ。会社への忠誠心が強く、秘密をもらす心配がないとの配慮である。

安藤工場長は四日市工業高校を卒業後、石原産業に入社し、まもなく労働組合の専従と

石原産業四日市工場に保管されているフェロシルト。シートで包まれているが、外気と接触し、六価クロム濃度の上昇が懸念されている

なった。石原労組の書記長を務めた後、副工場長に就任、田村藤夫工場長の後釜として二〇〇三年秋に工場長に抜擢された。専門知識はないが、労組役員として三重県の幹部や県会議員と接触することが多かったから、顔が効く。交渉役としてうってつけの人物である。

一二人の行動班は、数人ずつわかれて愛知、岐阜、三重、京都の四府県を担当し、住民からの苦情に対処する役目を担った。すでに岐阜県だけでなく、苦情は、愛知県瀬戸市、三重県亀山市、京都府加茂町へも広がりを見せていた。回収し、工場に運び込んだフェロシルトは積み上げられ、青いシートがかぶせられた。フェロシルトの山を社員たちはどんな思いで見つめていたのだろう。

5―産廃を減らせ

産廃削減を指示

アイアンクレイをどうやって減らすか――。この問題に石原産業は長い間頭を痛めてきた。

二〇〇三年七月、社長に就任したばかりの田村藤夫は社内新聞にこう寄せている。

「酸化チタンの販売価格は一昨年大きく下落しました。コストの大幅な削減を実行していくことが、事業安定化のキーポイントになります。コスト面の問題については、主要な事項としてエネルギー、産廃物、鉱石の三点をあげました（中略）長年にわたり技術蓄積を重ね、副産物・産廃物の利用活用、資源化によるゼロエミッション化に取り組んでいます。その成果として土壌中の揮発性有機化合物の分解材、酸化鉄等ＶＯＣ分解材、建設汚泥の中性固化材・ジプサンダー、酸化鉄系環境浄化材・フェロフィックスの商品化など今後、環境ビジネスに本格参入するための足がかりとなる商品が開発されています」

副産物とは産廃汚泥のアイアンクレイを指すが、田村はリサイクル製品であるフェロシルトに一言も触れていない。同社のホームページの環境商品にもリストアップされず、隠れて生産してきたように見える。

翌年一月の社内新聞に田村のインタビュー記事が載った。若手社員の質問にざっくばらんに語っている。

若手社員「理想の姿とはどのようなものですか」

田村「わかりやすく言えば、五円の配当が持続できる経営、そのためには経常利益をいまの倍、いま五〇億円ぐらいですから一〇〇億円まで向上させなければなりません。そのためには各事業それぞれが売上高をどれくらいにしなければならないのか、どのように事業を展開していくのか、目標を策定していきます」

若手社員「副産物・産廃物のゼロエミッション化が推進されていますね」

田村「方向としてはゼロエミッション化ですが、酸化チタン事業の完全なゼロエミッション化は実はとても難しいことなんです。元々チタン鉱石はその四〇％くらいが鉄を主成分とした不純物なんですね。でも昔に比べると、いまは産廃物の量は年間三〇万トンから三万トンに減っていて、一〇分の一くらいになっています。中期三か年経営計画ではそれら産廃物の量をもっと少なくする目標を掲げています。産廃物を費用をかけて処分するのではなくて、土壌改良材などの別の製品に生まれ変わらせ、販売するのです。昨年（二〇〇三年）秋に環境商品開発部を新設し、それらの本格商業化を推進しています」

産廃の減量をいかに重視していたかがよくわかる。ところで、フェロシルトは、石原産業経営陣のどんな人たちが推進したのだろうか。

社長の田村藤夫は、京都市に生まれ育った。進学したのは創業者の石原廣一郎が学んだ立命館大学。田村は大学を卒業すると、迷わず石原産業に入社した。入社した時の挨拶文に「踏まれても起きあがってこれる、いつかは花が咲くような社会人でいたい」と書いた。東京営業所に配属され、一〇年以上に渡って酸化チタンの営業を担当した。当時は四日市工場のほかに鉱山を持っており、会社はヤマ独特の荒々しい雰囲気があった。

田村はそんな会社に驚きながらも社風になじみ、実績を積み重ねた。学生時代に柔道で鍛えた体は頑健で、しかも「温厚で人の意見をよく聞く」（同僚）と評判はよかった。やがて部長から取締役に抜擢され、二〇〇〇年六月に工場長に就任した。〇一年に専務に昇格すると、翌年石原ケミカルの社長を兼務した。

大手製造業の多くの会社では、工場長に技術職をあて、強大な権限を与えている。石原産業は代々文化系の学卒者の定席となり、それを佐藤のような技術系が支える構造になっていた。技術的なことはこれらの技術者に任せ、その報告を受けて本社と交渉し、予算をとったりマネージメントを行ったりすることが工場長の仕事だった。他の企業に比べて工場長の権限は小さく、社長に権限が集中しているのも石原産業の特徴である。

田村は工場長のあと専務に昇格し、それで会社人生を終えるはずだった。なぜなら、同期入社の溝井正彦が社長になっていたからである。慶応大学出身の溝井は、農薬部門を歩み、早くから社長候補と目されてきた。見込んだのは、石原一族がいなくなった後、社長におさまっていた秋沢旻だった。秋沢は一九九九年、会長に退くと溝井を社長に据えた。しかし、溝井はその四年後に病に倒れて社長を退いた。そして後継者に同期の田村を選んだ。

溝井と田村は同期入社の中でも特に仲がよく、入社後は東京支店に勤務し、田村は酸化チタンの営業、溝井は農薬の営業を担当した。中野区上鷺の宮にある宿舎から毎日、支店に通った。溝井は田村の豊かな経験と能力を評価していた。「踏まれても起きあがってこれる、いつかは花が咲くような社会人でいたい」。三〇年前にこう書いた田村に運が巡ってきた。

佐藤副工場長

山形県西川町のはずれ、国道沿いに湯殿山神社がある。元は月光院本道寺と呼ばれ、一五二五年に建てられた。毎年九月に例大祭がとり行われ、町民から大切にされてきた。副工場長の佐藤驍《たけし》は、その神主の子として生まれた。七人兄弟の五番目で、家庭は裕福とは言い難かった。地元の高校を卒業すると、国立室蘭工業大学の鉱山工学科に進んだ。木造の寮の一室に寮生五人と住んだ。郵便局に勤める姉が学資を送り、佐藤も授業の合間をぬってアルバイトで生活費を稼いだ。一緒の寮で生活した級友の一人は「まじめ人間につきる。ふざけるのを見たことがなかった」とその印象を話す。

研究室の大和昭夫教授が石原家とつきあいがあった縁で、一九六〇年に石原産業に入社した。佐藤の赴任先は、三重県紀和町（現熊野市）にある紀州鉱山だった。鉱山技師になった佐藤は、そこで二歳年上の妻をめとった。佐藤二六歳の時だった。その後、紀州鉱山は閉鎖されるが、佐藤は滋賀県草津市にある研究所に移り、金属研究室で酸化チタンの研究にいそしむ。その後、四日市工場に配属されると、酸化チタンの知識を生かし、酸化チタン製造の実務をになった。九七年六月に技術者として最高の副工場長に就任した。

生産構造再構築推進本部が本社にできると、佐藤は四日市工場の事務局長に任命された。生産構造再構築とは、酸化チタンの価格の低迷で、無配に陥った会社を収益のあがる構造に変える、つまり、四日市工場の合理化とリストラが目的だった。経費を節約し、設備の更新を控え、子会社に事業を委託し、社員を出向させた。なかでも産廃のアイアンクレイを減らすことが最優先だった。そのアイアンクレイのリサイクルに向けた開発を担ったのが、佐藤が専務を兼ねる石原ケミカルだった。

当時、四日市工場長だった大平政司はこう振り返る。「技術的なことは佐藤副工場長に全部まかせていた。彼はなかなかのアイデアマンだった」。工場長は大平から田村にかわり、田村はさらにトップに上り詰めた。同年の二〇〇三年、佐藤も執行役員から取締役に昇進し、フェロシルトの開発と販売を陣頭指揮した。

〇三年の社内新聞に、取締役に就任したばかりの佐藤副工場長が書いている。

「長年当社で働かせてもらっておりますが、私にとっても今年ほど収益アップに努めなければならない年はないと思っております。その意味では、今年に賭けるぐらいの決意で、『ゼニ』にこだわる業務の遂行をする必要があると思っております。一一期ぶりの復配に向け、少しでも多く貢献することが、私の使命であると思っております。本年はドロ臭いと思われかねない方策が多くなると思いますが、積極果敢に悔いの残らないように取り組みたいと思っています」

けれど、最古参の技術者として工場を支配する佐藤を部下たちは嫌った。彼らが佐藤につけたあだ名は「ガオウ」。みんながいる前で平気で部下を怒鳴りつけ、罵倒するからだ。異論を唱える部下には「首をかけて言ってるんだな」と威圧した。「副工場長の姿が見えるとみんな逃げた。顔を合わすと怒られるから」と元社員は語る。罵倒され続け、ノイローゼで会社をやめた人まで出た。だが、佐藤は気にする風はない。「おれが石原を仕切ってる」。それが口癖だった。

平野孝・龍谷大学教授は、かつてゼミの学生を連れて工場を訪ねたことがある。日本近現代史を専門とする平野教授は、四日市公害の歴史や企業史にも造詣が深い。会長だった秋沢旻を大学に招き、講演してもらったこともあった。秋沢の了解を取りつけ工場を訪ねた。田村工場長にインタビューする手はずになっていた。応接室に田村工場長と佐藤副工場長がいた。学生が録音機を取り出し、録音しようとすると、突然、佐藤が怒鳴った。「テープにとるとはお前らどういうつもりだ。帰れ！」。女子学生がおびえた。田村工場長がその場をとりなしたが、佐藤は謝りもしない。

平野教授はこう振り返る。

「工場のことを住民はじめいろんな人々にていねいに説明し、理解してもらわねばやっていけない時代なのに……。かつて公害を引き起こして社会から指弾され、それに反発したことがあった。意識が社会と隔絶してしまったのではないか」

リストラの嵐が工場に吹き、佐藤はコスト削減を忠実に実行に移した。

けれども代償は大きかった。コスト削減の陣頭指揮を執ることによるストレスは、自らの肉体も傷めた。

二〇〇四年のある夜。佐藤は取引先の社員を連れて、四日市市内のある居酒屋に立ち寄った。コンビナートに近い塩浜駅のそばにあるコンビナート労働者がよく通う店だ。佐藤も若いころよく通った。しかし、管理職になってからは足が遠のいていた。

店主が怪訝な顔をした。

「佐藤さん、どうしたの、その顔。別人のようや」

「いや七年ほど前に胃潰瘍になって胃を切ったんや」

「大変な仕事なんやねえ」

七年前というと、生産構造再構築推進本部の事務局長になって間もないころだ。

佐藤は、石原産業を紹介してくれた大和教授が亡くなった後も、遺族宅に毎年紀州ミカンを贈り続けた。大和教授の墓も何度か見舞った。学生時代の友人には年賀状に近況を書いた。「取締役を拝命しました」「昨年、副工場長に……」。誇らしげに綴られた年賀状は二〇〇六年、ぱったり途絶えた。

産廃をフェロシルトに

ところで、佐藤はフェロシルトをどのように開発したのだろうか。

二〇〇七年現在、三重県環境保全事業団の処分場にトン八四〇〇円という格安の料金でアイアンクレイを持ち込んでいる。さらに三重県の産業廃棄物税がトン一〇〇〇円かかり、年間一〇万トンを超えるアイアンクレイの処理料金は一〇億円近くにのぼる。

処理費の節約は、工場にとって長年の重要テーマだった。石原産業が最初に目をつけたのが、廃硫酸を炭酸カルシウムや消石灰で中和した後、石膏として取り出すことだった。それはりっぱなリサイクル製品となり、市場に出回った。さらに鉄分が多い性質に着目してMT酸化鉄を開発した。凝集効果があり、水質の浄化に役立つ。こうした石原産業の技術を生かした製品は同社が誇ってもいいものである。しかし、生産量は少なく、一〇万トンを超えるアイアンクレイの大幅な削減には結びつかなかった。

アイアンクレイそのものをリサイクル製品として利用できないか。そんな同社の期待に答えようとしたのが三重県だった。一九八五年、三重県は県環境科学センター、県工業技術センター、県金属試験場、県窯業試験場、大学の研究者、石原産業の研究者らを集め、「産業廃棄物資源化研究会」を作り、三年かけて研究した。当時の県の産廃八一万トンのうち汚泥は六七万トンあり、そのうち約二〇万トンをアイアンクレイが占めていた。

ポリエステル樹脂の充填材やコンクリート用骨材の代替品として使ってみたが、アイアンクレイから大量のガスが発生したり、強度に欠けたりするなど問題が噴出し、商品化を断念した。水分を吸収すると固くなる性質に着目し、ヘドロ状の軟弱な地質に混ぜたり、路盤材に使ったりすることも検討した。しかし、これも固さにむらがあり、強度が足りないことから失敗に終わった。八九年に研究会がまとめた報告書は、こうした試行錯誤の経過報告にとどまっていた。

この報告書を手に入れた私は、ある表にクギづけになった。アイアンクレイの溶出試験結果が照会され、総水銀、カドミウム、鉛、六価クロム、ヒ素の五項目の中で六価クロムだけが溶出（〇・〇四ミリグラム）していたのである。当時、土壌の環境基準はなく、埋め立て処分場に持ち込むための判定基準（環境基準の三〇倍甘い値）を参考にし、「溶出しない」と誤った結論を導いていた。

セメント会社は受け取り拒否

一九八〇年代中ごろから、石原産業は岐阜県に工場のある住友大阪セメントにアイアンク

石原産業四日市工場の事務所

レイを処理費を払って委託、セメント会社が原料として使っていた。ところが、一九九一年、セメント会社からアイアンクレイに塩素が大量に含まれていることを指摘された。佐藤らは、塩素濃度を薄めた脱塩アイアンクレイを開発した。開発といってもそれほど画期的な技術があるわけではなかった。

塩素は、塩素法の酸化チタン工場の排水に含まれているから、塩素をほとんど含まない硫酸法の工場から出た排水と分離し、硫酸法の排水を脱水すれば脱塩アイアンクレイができる。こうして硫酸法の排水だけからできる脱塩アイアンクレイと従来からのアイアンクレイの二種類のアイアンクレイになった。脱塩アイアンクレイの塩素濃度は五〇ppmと低いが、アイアンクレイは、七〇〇〇ppmと高濃度だ。品質のいい脱塩アイアンクレイは、セメント工場に引き取ってもらえることになった。

ところが、九〇年代後半に入ってまた、難題が持ち上がった。

当時、セメントを使った土壌改良材から土壌の環境基準を超える六価クロムが溶出する事例が相次いだ。社団法人・セメント協会の調査で、焼成炉で高温で燃やすと無害の三価クロムが六価クロムに変化することがわかったのだ。セメント協会は九八年九月、セメントに含まれる三価クロムの濃度を二〇ｐｐｍ以下にする自主基準を作り、セメント各社に通知した。

四日市工場の排水パイプライン。下部は「シックナー」と呼ばれる分離装置

大阪住友セメントは脱塩アイアンクレイを分析したが、約一〇〇〇ｐｐｍあり、九八年一二月で契約をうち切った。住友大阪セメントの広報担当者は「うちはセメント協会の基準よりもっと厳しい基準を作ったから、アイアンクレイを受け入れる余地はなかった」と私に話した。

生産構造再構築の最重点課題と

して研究を始めたばかりの佐藤ら技術陣は、大きな衝撃を受けた。処理費用が安いセメント会社に拒否されたら、また埋め立て処分場に持ち込まねばならない。そんな逆戻りはできなかった。脱塩アイアンクレイは九八年から九九年までに約一〇万トンが生産され、保管された。

一九九九年、フェロシルトの開発に携わる管理職が佐藤に進言した。「フェロシルトはアイアンクレイ同様にクロムの濃度が高い。やめた方がいいと思います」。しかし、佐藤は「問題ないんだ」と聞く耳を持たなかった。

この管理職は、後に私に語った。

「アイアンクレイは塩素法の工場排水も原料にするから高濃度の塩素を含んでいる。フェロシルトは硫酸法の工場排水で造るはずだが、最初から塩素法の排水を混ぜて作っていたから塩素濃度も高い。これでリサイクル製品になるはずがなかった」

三菱化学工場長の自負

四日市工場の隣に日本アエロジル四日市工場がある。かつてこの工場は塩酸を四日市港に流し、一九六九年に四日市海上保安部に摘発されたことがある。しかし、日本アエロジルは隠蔽工作をせず、捜査に協力的だったことから、起訴を免れていた。

その工場に、石原産業は「東洋一の廃水処理能力があるので排水の処理を引き受けたい」と持ちかけた。二〇〇〇年末から実験をはじめ、徐々に受け入れ量を増やし、〇三年六月に正式の契約にこぎつけた。日本アエロジル総務部の担当者は後に、「石原産業の産廃混入が明らかになって、客から大丈夫なのかと言われて迷惑した。うちは違法なことは何もしていない」と言った。しかし、どう処理しているのか、確認もせずに契約書を交わした日本アエロジルにも大きな落ち度があった。

石原産業は他のコンビナート企業にも軒並み声をかけていた。化学業界で最も大きい三菱化学四日市工場でも話題に上ったことがあった。だが、工場長はこう諌めた。「工場排水は工場の生命線。安いからといって他の企業に任せて、何かあったら責任をとれるのか」。工場長に一喝され、部下たちは化学メーカーの技術者としての誇りを感じた。

石原の誘いを断り事件に巻き込まれるのを未然に防いだ三菱化学と、同じ三菱グループでも、安ければいいと安易に乗った日本アエロジルとでは、その姿勢はまるで違った。

6—悪党たちがむらがった

中部空港への販売挫折

フェロシルトをどうさばくか。石原産業が大口の供給先として当初考えていたのは、当時建設計画を進めていた中部国際空港会社に、空港島の埋め立て材として利用してもらうことだった。

私の手元に、石原産業が一九九九年三月に三重県に出したフェロシルトの生産計画書がある。

「平成一四、一五年ごろにC社が推進しております建設事業の路盤材用等の埋め立て材としての販売も検討しております。特にこの事業は中部圏の一層の経済発展を目途とする一大事業であることから、此等での販売実績は弊工場のフェロシルトの拡販に大きなPR効果を持つ一方、この事業の推進に貢献できる方策と考えております」

このC社とは一九九八年に設立された中部国際空港会社のことである。伊勢湾の常滑沖に空港島を建設し、中部地方の玄関にしようと政官財が取り組み、二〇〇五年に開港した。石原産業は九八年秋から販売攻勢をかけた。大平は当時の大平政司工場長に埋め立て材として販売したいと提案した。大平は「そんな……」と最初は難色を示したが、やがて「いいじゃないか」と乗った。九月、三重県から出ている川崎二郎運輸大臣にお願い書を出した。だが、効果は思ったほどなかった。もっぱら動いたのは佐藤と、当時工場の管理部長だった小口元紀だった。

一一月、二人は、当時名古屋駅前のビルに間借りしていた中部国際空港会社を訪ね、上用敏弘建設部次長に会った。「アイアンクレイを埋め立て材として使えないか」と打診したが、上田は「産廃のままでは使えない」と断った。

佐藤は、アイアンクレイの鉄分を増やして作り始めたばかりの新アイアンクレイを売り込むことを思いついた。産廃そのものだが、この名前では「産廃のイメージが強い」と、工場の管理職と相談し、三つの候補からフェロシルトと命名した。

一方、セメント工場向けの脱塩アイアンクレイが九八年暮れに搬入を断られると、フェロシルトとサンドイッチ状にした製品にし始めた。これらはのちに「フェロシルト」の名前で販売されることになる。いずれにしても、九九年に三重県や四日市市に出したフェロシルトの生産計画書には硫酸法の廃液だけで作ると書かれてあり、最初から詐欺であったことがわかる。

実は石原産業は、行政の目をごまかすために時々、硫酸法の廃液だけからサンプルを作り、さらにこれを改造して分析し、得られた結果をパンフレットに載せていた。しかし、こんな風に名称を変えたところで、産廃が産廃でなくなるはずがなかった。

中部国際空港から「土とフェロシルトを半分ずつ混ぜて持ってくるなら引き取ってもいい」と言われたが、工場に土を混合する施設はなかった。結局、二〇〇一年四月に空港会社から断わられ、埋め立て材としての持ち込みを断念した。

中部国際空港会社で埋め立て事業を担当した上用敏弘・建設企画部長は、その後の私の取材に対し、広報部を通して「二〇〇一年秋、佐藤副工場長が売り込みに来たことがあるが、粒子が細かすぎて海に流される可能性があるので断った」と答えていた。これは、埋め立て材としての利用を断られた佐藤が、「植栽用の土の代わりなら」となお、執着して働きかけをしていたことを指すのだろう。同社はその前の段階で「土とフェロシルトを半分ずつ混ぜるのならいい」と言って、安く手に入れようとしていたことに口をつぐんでいたことになる。

利用先が見つからない石原産業にとって、塩素法の排水と硫酸法の排水を分ける必要はなくなった。大っぴらに排水が混合され、九九年一月からフェロシルトの生産が始まった。技術者としての誇りを捨て、「偽物」作りにいそしむ工場に群がったのは、「土」の取引であぶく銭を得ることを商売にする連中だった。

蜜の味

だだっ広いグラウンドのような荒れ地が広がっている。デジタルタワーと呼ばれる通信用の鉄塔がそばにある。愛知県瀬戸市幡中町にあるこの土地は、かつて名古屋鉄道が開発を当て込んで買ったが、その後、あてがはずれ、塩漬けになっている。瀬戸市にはこんな場所があちこちある。いずれも愛知県が国際博覧会を瀬戸市で開くことを聞きつけ先行投資したもののの、その後、開催場所が長久手町に変わり、大きな誤算を招いていた。

石原産業の佐藤副工場長、環境保安部の宮崎俊副部長がここに現れたのは二〇〇一年の夏。有限会社水野砿産を興し、社長を名乗る桜井憲一は、「フェロシルトのフィールドテストをしましょう」ともちかけた。

中部空港に持ち込むはずのフェロシルトは工場の保管場所に積みあげられ、トン五〇〇円で販売する工場のもくろみは早くも崩れ去っていた。

桜井は、「フェロシルトを持ち込み、埋め戻し材としての効果を検証することにあった。フェロシルトを敷いてその上を車で走らせ、一週間ほどフィールドテストをした」と私に話したが、その報告書はなかった。「石原産業にはメモを手渡したか、それとも口頭で言ったかどうか……」と言うくらいだから、信憑性《しんぴょうせい》はなかった。そもそも石原産業はその二年前の九九年五月、専門の地質調査会社にフェロシルトの土質評価を依頼していた。水分が多く、水と混ざるとどろどろになって路盤材に使うのは難しいとの結果が出た。その後、用途を埋め戻し材に変えたとはいえ、品質が突然よくなるわけがなかった。

これを機に結んだ売買契約とフェロシルトの流れは複雑怪奇をきわめる。

話は二〇〇一年の春にさかのぼる。

石原産業はある業者を介して、同じ瀬戸市で珪砂業を営む株式会社山磯の山中俊博社長に接触を求めてきた。山中社長によると、土壌改良材としての用途開発の依頼だったという。山中社長は、当時特殊精砿会社の開発部長だった桜井憲一を紹介した。その後、桜井部長と山磯の幹部が、四日市工場を訪ね、佐藤副工場長と宮崎副部長からフェロシルトの販売を打診された。

九月、幡中町の現地を見た桜井と佐藤は、山磯の山中社長を交えて商談を詰めた。石原産業は「水野砿産は設立して間もないので用途開発に関して直接取引はできない。山磯との契約にしてほしい」と求めた。用途開発の名目で大量のフェロシルトの処理を引き受け、瀬戸市に埋めるというのである。

水野砿産は、石原産業が山磯との契約を進めていた九月に設立された。事務所は山磯の工場の敷地の中にあり、慌ただしく引き受け体勢がとられたことがわかる。一〇月に正式に契約書が交わされたが、その場には佐藤と宮崎だけでなく、フェロシルトの販売を担当する小会社の石原テクノの小口元紀取締役も同席した。

石原テクノはフェロシルトに関係していなかったが、石原産業がフェロシルトを売り出すと聞きつけた小口が、当時工場長だった田村に直談判し、石原産業からトン八〇円で買ったフェロシルトを一五〇円で転売することで了解を得た。石原テクノは伝票を切るだけで物は動かない。最終的に七二万トンのフェロシルトが売却されているから、石原テクノは伝票操作だけで五〇四〇万円儲けた計算になる。佐藤は、小口にピンハネされると不快感を感じたが、一緒に引き受け先を探すことになった。

一方、表向きの契約の裏で、石原産業がフェロシルトの処理費を業者に払う契約が同時に進んだ。四日市工場の応接室に山磯の山中、水野砿産の桜井、石原産業の佐藤、宮崎、石原テクノの小口らが集まったのは八月のこと。石原テクノからトン一五〇円で水野鉱山に販売した形をとりながら、裏で石原産業が山磯にトン三五〇〇円払うことが決まった。この時、出席した石原産業の関連会社の幹部の一人は、後に捜査当局に「嫌なことを聞いたと思った。商品と言いながら産廃の処理だったとわかったから」と供述している。

私の手元に正規の売買契約書と裏で交わした契約書など四種類の書類がある。石原産業が石原テクノにトン当たり八〇円で販売することを決めた契約書と、石原テクノが水野砿産にトン一五〇円で販売することを決めた契約書。これとは別に、石原産業が山磯に「用途開発費」の名目でトン三五〇〇円払うことを記した契約書と、同じ内容が書かれた覚書である。

契約が終わると、一〇月から瀬戸市幡中町へのフェロシルトの搬入が始まった。山は跡形もなくなり、約半年で計一五万二〇〇〇トンのフェロシルトが埋められた。

転がし

石原産業が山磯に払ったお金の流れを追う。

山磯はこのフェロシルトを用途開発費の名目で水野砿産にトン三〇〇〇円払う契約を交わす。水野砿産は、伊藤建材（岐阜県中津川市）に二六〇〇円払う契約書を交わし、伊藤建材は、セントラル興産（瀬戸市）にトン一六〇〇円払う。その会社がフェロシルトを四日市工場か

埋設されていたのを掘り返し、フレコンバッグに詰められたフェロシルト（愛知県瀬戸市幡中町）

ら現地に運び、埋め立てる。石原産業とセントラル興産の間にいる業者は、手数料をピンハネして利益を得るわけだ。桜井は、私に「埋め立てまでの一連の契約書は自分が作成した。『用途開発費』という名前を考案したのは石原産業で、契約のために工場に行くと、工場側が用意した契約書がすでにあった」と話している。

時期によって値段はトン約五〇〇円の変動があるものの、瀬戸市幡中町だけで一五万二〇〇〇トンのフェロシルトが持ち込まれ、約五億円が動いた。山磯は何もせずに約一億円を手にした。そして水野砿産も、伊藤建材も甘い汁を吸った。

愛知県では、山磯、水野砿産、伊藤建材までは同じ流れだが、その先は瀬戸市のセントラル興産や別の運送会社であったりする。

三重県では、石原産業の関連会社で石原産業四日市工場内に事務所を置く杉本組と塩浜工運が介在していた。

三重県で最も量の多い一三万トンが持ち込まれた亀山市辺法寺地区は、二〇〇一年五月に佐藤が杉本組の杉本弘次副社長に、「杉本の顔でどこか探してほしい」と依頼したのが発端だった。翌月、杉本副社長は「茶畑でいいところがある」と佐藤を亀山市に連れて行った。現地を見た佐藤は、「ここならいける」と満足した。佐藤は搬入先の条件を、「ダンプカーが一日二往復できる近い場所であること」「近くに川や民家がないこと」「トン約三〇〇〇円での引き取り先があること」「形式的に販売した形をとってくれる相手先であること」などの条件を挙げていた。辺法寺はその条件をすべて満たしていた。

工場で杉本組と契約を交わした。トン一五〇〇円で石原テクノから買い付ける契約書と、石原産業が杉本組にトン二九五〇円を「改質加工費」の名目で払う覚書を交わした。覚書には石原産業を代表し、佐藤が捺印した。こうした契約書は通常、社長か工場長の名前で交わすものだが、先の山磯の件同様副工場長の佐藤が捺印した。佐藤は後に捜査当局に「何かあったら会社にとってまずいから自分の名前にした」と供述している。公にできない金だったのである。

杉本組は一世建設にトン一六〇〇円で搬入と埋め立てを依頼し、中間搾取に成功した。ただ、正式の契約書にはこの間に丸中建設という三重県の会社が介在している。丸中建設は杉

フェロシルト不法投棄の流れと逆有償

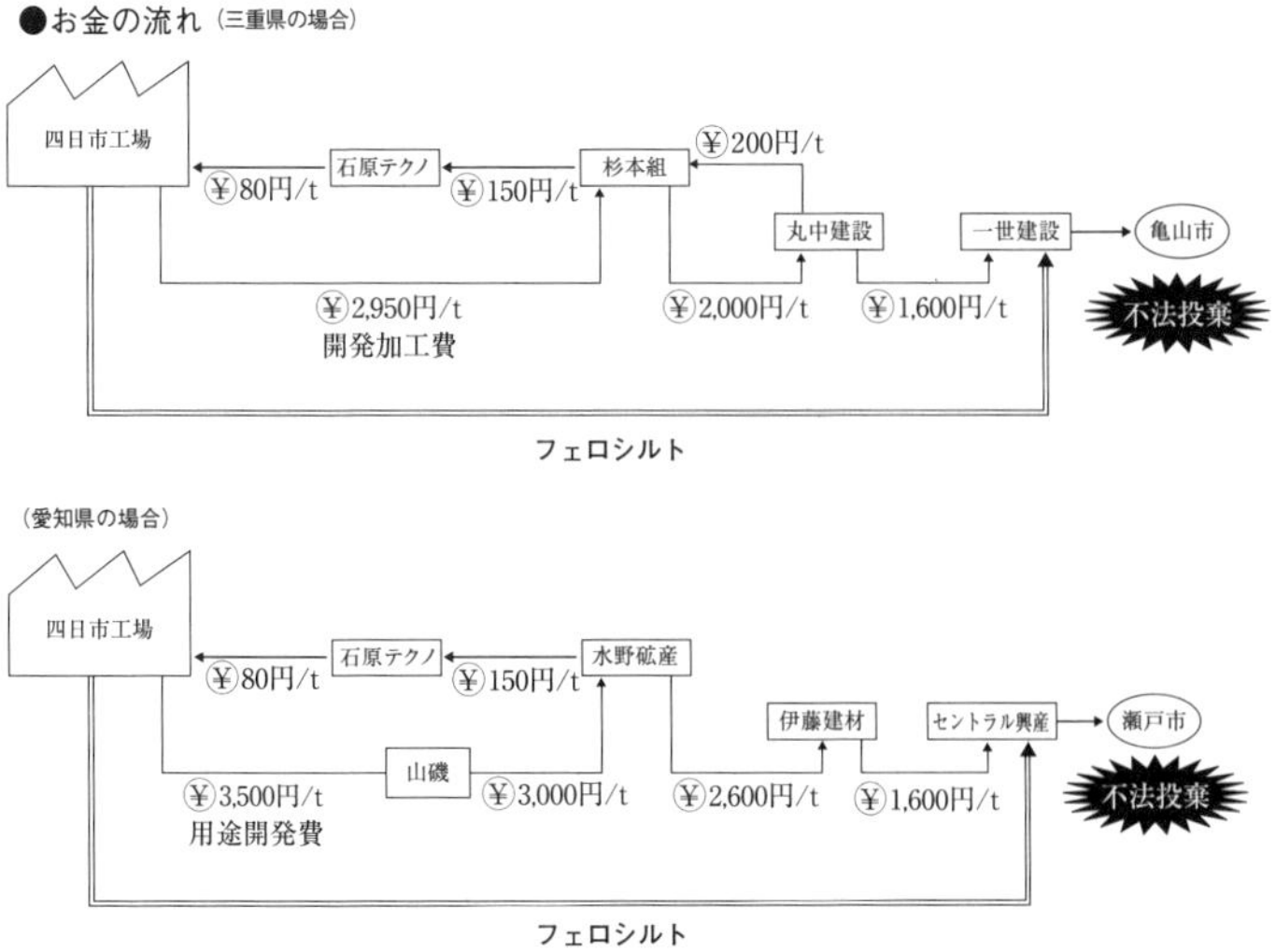

本組からトン二〇〇〇円で購入する契約を交わす一方、トン二〇〇〇円の支払いを受ける覚書を交わした。そしてトン一六〇〇円で一世建設に依頼した。丸中建設は何もせず二六〇〇万円を手にした。

うまみを享受した杉本は、その後も亀山市の隣接地で二期工事を計画する。杉本はSMGという会社を立ち上げ、石原産業から開発費を受け取ると、一世建設に一九〇〇円で委託した。伝票を切るだけでトン一〇〇〇円近くの金が転がり込むからこんなにうまい話はない。亀山市と四日市市だけで埋め立てた量は約二〇万トンにのぼった。

私は、愛知県での一連の金の流れを追ったが、だれも被害者のいないことに気がついた。産廃不法投棄はみんなが得するのだ。

桜井は私にこう強調した。「パンフレットを見せられリサイクル商品だと信用した。もし、六価クロムが溶出していると知ったら受けるはずがない。だまされた私たちは被害者だ」

しかし、伊藤建材の社長はその後、捜査当局にこう供述している。「桜井の紹介で工場に行くと、三五万トンのフェロシルトが積み上げてあった。工場はこれをただでもって行ってもらい処分してほしいのだと思った。桜井から『一応買うが、（石原産業が）運搬費を出してくれる』と聞いた。石原からその後、金が入った。運搬費用だけでなく埋め立ての工事代金も含まれ、おいしい話だと思った」

この費用を石原産業はどう工面したのだろうか。中部空港への販売を断念した二〇〇一年八月、石原産業の本社で取締役会が開かれた。

会議には、常務でもある田村工場長のほか、執行役員の佐藤も出席した。

「フェロシルトの搬出計画の件」と題する稟議書に計画書が添付されていた。稟議書には「搬送費」として八億三六〇〇万円が計上されていた。「稟申《りんしん》いたします」という言葉で始まる計画書は、京都府の加茂カントリークラブ、愛知県の山磯、三重県の杉本組などの取引先と、それぞれ埋め立て費としてトン約三〇〇〇円で契約することを示した概要が書かれていた。

この稟議書は内覧された後、秋沢会長、溝井社長、そして副社長、専務、二人の取締役、三人の監査役の印が押され、了承された。稟議書では「搬送費」と呼び、計画書では「埋め立て費」、そして実際の契約書や覚書は「開発費」と、呼び名をくるくる変えていることが、この金のいかがわしさを物語っている。

砂防法守らず、三〇メートル掘削

瀬戸市幡中町に目をつけたのは瀬戸市に本社がある八坂鉱山の山本義雄社長だった。所有している名古屋鉄道と交渉し、山土を掘削する権利を得た。当時、山の高さは一五メートルから二〇メートルあった。山を削り、深さ一〇メートルまで掘削、良質の山土をとった後に残土で埋め戻しする計画だった。

この地域は砂防法の指定地域になっており、県の許可なしに開発はできない。二〇〇〇年に愛知県に出された申請書によると、開発面積は約四・九ヘクタール。丘を削った後の掘削の深さは一〇メートルとなっていた。埋め戻した後、池を造成し、土砂が川に流れ出さないように防護策をとるとしていた。県尾張建設事務所の砂防担当は許可を出し、八坂鉱山は開発に着手した。

しかし、掘削はどんどん進み、深さは約三〇メートルに達した。〇一年一二月、瀬戸市民から瀬戸市に情報が寄せられた。「行き来するダンプカーの数がはんぱじゃない。調べてほしい」。市から連絡を受けた建設事務所の担当者がかけつけた。当時の写真が残っている。これを見ると、掘削しているパワーショベルは視界に隠れ、一〇メートルどころではないように見える。だが、担当者は目視にとどめ、計測せずに終わった。県が認めた六五万立方メートルの掘削量は、三〇メートル近くまで掘ったことにより、許可量の二倍以上の一五〇万立方メートルに達したとみられている。明らかな砂防法違反である。

フェロシルトの取材の過程で私が違法な掘削のことを知ったのは、石原産業が行ったボーリング調査からだった。その報告書の断面図を見ると、フェロシルトが深さ三〇メートル近くまで埋められている。八坂鉱山が行った違法行為について、私は同社に確認した。社長の代わりに、弟で八坂鉱山の取締役を兼ねる山本伸一セントラル興産社長が言った。「県から違法と言われたことは一度もない。だから違法なことをやったと思っていない」

そこで私は、建設事務所とそれを統括する県砂防課にボーリング調査の断面図を見せた。だが、担当者は「砂防法違反であることは間違いないが、すでに埋め終わっていることでもあり、業者を処分できない。それにフェロシルトが埋まっているなら、管轄は環境部ではないか」と言う。

事業者を擁護する対応ぶりを、この問題に詳しい県庁の知人はこう解説した。「山土をとったり瀬戸市の陶土を採掘したりする業界はもともと遵法精神など持ち合わせていない。申請書通りやってたらもうからないと、昔からむちゃくちゃやってきた。砂防法が無力なこともあり、県もまじめに指導したことなんか一度もなかった」

こうした違法行為の責任は地主にもある。この土地は名古屋鉄道が所有しているが、万博を当て込んで買い、当てが外れて困っていた同社にとって土が売却できるうまみがある。名古屋鉄道は、「石原産業にフェロシルトの撤去を求めている」（広報部）というだけで、砂防法違反には知らぬ存ぜぬを決め込んでいる。

県にニセ書類提出

このフェロシルトの埋め戻しを行ったのはセントラル興産だが、実際に石原産業と交渉したのは「潮」の浅野信之社長だった。浅野は「八坂鉱山管理部長」の名刺を持って交渉に当たっていた。浅野は、石原産業がフェロシルトを処分しようとしていることを聞きつけると、「窓口になりたい」と乗り出し、伊藤建材が搬入先を探す仕事を任せたからである。

浅野は、瀬戸市の北丘地区と同市広之田地区の地主と交渉し、フェロシルトを持ち込んだ。「ケナフを植え、農園にする」というのが常套句だった。フェロシルトのうまみを知ると、愛知県から北丘町で新たに一万平方メートルの土地の開発許可を得たとする公文書を偽造、石原産業に提出し、新たにフェロシルトを手に入れようとした。幸い石原産業が偽造を見破り、契約を断った。瀬戸署はこれを把握しながら、捜査はそのままになっている。

こうした一連の流れをみると、フェロシルトという蜜にいろんな関係者が群がり、膨れ上がっていったことがわかる。石原産業はトン一五〇円で販売し、裏で開発費などの名目でトン三八〇〇円〜二八〇〇円の処理費を払っていたから、差し引きすると七二万トンのフェロシルトで、彼らは二〇億円近くの金を手にしたことになる。ダンプカーで土を運んで埋める場合、トン五〇〇〜六〇〇〇円が相場だから、開発費のトン三〇〇〇円は実にうまみのある商売だった。

山磯の山中社長の自宅は、瀬戸市の自分が所有する工場を見下ろす高台にある。山磯の登記簿謄本を見ると、珪石、砂利の採掘、販売、製品の製造、販売などを目的としているが、工場は古く、いまにも倒れそうだ。それに比べ、高い塀に囲まれた自宅は堅牢で、まるで要塞のようだ。

山中社長に「産廃だと知っていたのではないか」と質すと、社長は「違法行為は一つもやっていない。売買の間に立って仲介料をもらうことはよくあること。フェロシルトを商品と信用した私は被害者なんだ」と反論した。山中社長は二〇〇六年五月、ガラスの原料の珪砂の採掘業者六〇社で作る愛知県珪砂鉱業協同組合の理事長に就任した。怪しい取り引きを行い、巨大不法投棄事件に関与したのに、総会で話題になることもなく、満場一致で就任が決まった。

私は水野砿産の桜井社長に質した。

「佐藤副工場長が独断でやったんでしょうか」

「当時の工場長だった田村社長と会ったことはない。でも佐藤副工場長だけでなく、宮崎副環境安全部長や石原テクノの小口取締役もいた。契約書の体裁は工場が作ったものだし、佐藤副工場長だけでできるわけがない」

「フェロシルトの製造工程から六価クロムが生成し、産廃が混入していると知っていましたか」

「知ってたら扱うわけない。当時は本当にリサイクル商品と考えていたんだから」

「開発費と言いますが、産廃の処理費では」

「とんでもない。使い方についていろいろ指南したからそれなりの費用はかかる」

「フェロシルトは次々と転売されています」

「この業界はみな、知り合った仲。契約書はまとめて私が処理し、石原産業に渡した」

「石原産業はどんな雰囲気の会社なんですか」

「秘密主義。三重県にも搬出していたが、どこに売ったのかいくら聞いても教えない。後でトン当たり三〇〇〇円よりも少ない値段にしていたことを知った。こちらは三〇〇〇円以上だから、三重県の業者にわかると困ると思ったのだろう」

愛知県の担当者は彼らの錬金術を指して言った。

「トン当たり三〇〇〇円ももらって産廃だと知らないわけがない。警察は不法投棄の容疑で立件できるはずだ。だが、彼らのうそを突き崩し、立証するのに時間がかかるのでやめたようだ。産廃をリサイクル製品と偽って不法投棄した石原産業も悪いが、石原産業をしゃぶった連中は本当の悪党だ」

表向き商品を売った形にして、裏では別にお金を払ってそれで処理を頼む。フェロシルトの場合、一五〇円と約三〇〇〇円との差額、約二八五〇円が石原産業の持ち出しになる。商品は有償で取引され、フェロシルトはマイナスの取引、つまり逆有償である。

廃棄物処理法は、こうした逆有償による取引を廃棄物と判断する根拠の一つにしている。フェロシルトを産廃として処理するなら、環境保全事業団への持ち込み料金がトン八四〇〇円、さらに産廃税がトン一〇〇〇円だから計九四〇〇円。さらに運送費が上乗せされ、一万円以上になる。それに比べ、リサイクル製品として偽れば約二八五〇円ですむ。石原産業にとっても四分の一の経費ですむうま味のある契約だった。

7―リサイクル製品認定の欺瞞

偽装してリサイクル製品に申請

石原産業が三重県のリサイクル製品利用推進条例に基づいてフェロシルトを申請したのは、二〇〇三年春のことだった。

佐藤が関係者に明かしたところによると、住民とトラブルになっていることで相談した三重県の幹部から、「リサイクル製品の認定を受けたらいい」と助言されたのがきっかけだった。二〇〇一年三月に制定され、一〇月に施行された条例は議員提案でできた。積極的にこれを進めた会派は民主党系の「新政みえ」。石原産業と関係の深い議員がこの条例に熱心だったという。

条例は、リサイクル製品の利用を進めるために県が認定すると、公共工事などでその製品を優先的に使用、購入する努力義務があり、毎年、認定製品の利用状況を報告することを義務づけている。二〇〇七年現在、一二四のリサイクル製品が認定されている。いまでは他の県にも広がっているが、三重県は全国初の制定を目指し、「新政みえ」を中心とする超党派の議員たちが勉強会を重ねて議会に提案、全会一致で決まった。

この条例の意義について「新政みえ」の芝博一議員（現、民主党衆議院議員）は、〇一年の二月県議会の本会議で提案理由をこう述べている。

「三重県は、環境先進県づくりを模索してさまざまな取り組みをしております。環境と経済を同軸にとらえ、環境に配慮した方が経済的にも有利になる、環境に配慮しない企業活動は存続し得ないということを明確に打ち出しています。そこで私たち『新政みえ』では、本定例会に議員提案議案として条例案を提出しています。リサイクル製品の利用を推進することと、利用推進を通じてリサイクル産業の育成を図ることによって、資源がむだなく繰り返し利用され、環境への負荷が少ない循環型社会の構築に寄与することを目的としています」

北川正恭知事は「リサイクル製品利用推進条例案は議会からのリサイクル推進に対する積極的な提言」とほめ、県もその普及促進に取り組むことを約束した。

施行される前月の九月議会。今度は、自民党の田中覚議員が県の姿勢をただした。

田中「その期待の条例が実効性を持つように、環境部、そして県土整備部、農林水産商工部の取り組みの姿勢をうかがいたい」

濱田智生・環境部長「条例の趣旨に則って、関係部局が連携して施行規則や認定基準、さらには認定製品の表示に用いる認定マークを制定するなど着実に準備を進めています。環境部が所管する公共事業等においても認定リサイクル製品を積極的に使用していくこととして取り組んでまいります」

樋口勝典・農林水産商工部長「私どもが発注する工事などにおいて優先的な利用を進めるとともに、民間企業に対して制度の普及と積極的な利用を促進するため、商工会議所や商工会に協力を求めて幅広く周知を図り、循環型社会の構築に努めてまいりたい」

これに対し、吉兼秀典・県土整備部長は慎重な言い回しをした。

「認定した建設資材は品質、価格等を考慮し、公共事業に優先的に使用していきたいと考えております。また工事を発注する際には、認定製品の使用について仕様書等に条件明示を行い、利用促進を図っていきます」

濱田ら先の二人が県庁のたたき上げなのに対し、吉兼は国土交通省から出向した官僚だ。公共事業に使うことに、「安全性の確保など厳格な条件をクリアしてのこと」と用心深かった。

その後フェロシルトがリサイクル製品に認定されてからも、県は公共事業に一切、利用しなかったから、最初から乗り気ではなかったのだろう。

産廃税に反対した石原産業

ちょうどこの時期、リサイクル製品利用推進条例と並び、産廃税の検討が進んでいた。三重県出身で環境庁を辞めて研究者に転じた倉阪秀史・千葉大学助教授を招き、県の若手たちが法定外目的税の勉強会をした。たどり着いたのが産廃税だった。三重県は他県からの産廃流入量が流出量を大幅に上回り、上野市などでは産廃銀座というありがたくない名前をつけられていた。条例案は産廃の排出者からトン一〇〇〇円の税金をとることで、産廃の埋め立て量を減らすことを目的としていた。

しかし、二〇〇〇年に案がまとまると、事業者は負担増を理由に猛反対した。この三月議会で、リサイクル製品利用推進条例と同時に成立させるはずだったが、産廃条例案だけが先延ばしになった。

反対したのが石原産業だった。アイアンクレイと呼ばれる産廃汚泥は年間一〇万トンを超え、四日市コンビナートの他の工場に比べ圧倒的に多い。もし、トン一〇〇〇円の税金となると一億円になる。総売上げが年間約一〇〇〇億円、純益が一〇〇億円に満たない石原産業にとって一億円は見過ごせない額だった。

二〇〇〇年、コンビナート企業約三〇社で作る四日市地域環境対策協議会と県の担当者が、石原産業四日市工場の会議室で向かい合った。産廃税の実施に向けて了承を取りつけたい県と難色を示す石原産業の協議は平行線をたどり、しばらく様子を見ることが決まった。

それでも条例案は三か月後の六月議会で可決された。協議会も強く抵抗するのをやめ、二〇〇二年からの実施が決まった。当時、総務省から三重県に出向し、産廃税をまとめた細田大造・岐阜県産業労働部次長は「石原産業だけが強硬というわけではなかったが、産廃の量が格段に多く、一番影響を受けることは事実だった。提案を遅らせたのは北川知事の判断だった」と語る。成立の背景には、フェロシルトの増産が順調で、アイアンクレイが目に見えて減り、産廃問題が表面上は解決していたことが大きく影響していた。

リサイクル製品利用推進条例はできたが、製品の認定作業は急ピッチというわけではなかった。議会は県の尻をたたいた。

〇三年の二月議会。再び田中覚議員が質問に立った。「リサイクル製品の利用促進のために県はちゃんとやっているのか。県はどれぐらい利用があがってきたのか示していただきたい」

長谷川寛・環境部長は、「平成一三年度末で一三品目あったのが、現在三六品目まで増えております。全国で初めてで試行錯誤がありました。議員から指摘いただき、肝に銘じて取り組んだ結果、今のような現状にあるということでございます。今回、県の環境マネジメントシステムの環境方針の見直しのなかで、リサイクル製品の利用を明確に位置づけました」

リサイクル製品の認定申請

「リサイクル製品の認定数を増やせ」という県議会の声を追い風に、石原産業は三月、認定申請の手続きを開始した。

申請書類は、重金属の溶出試験の結果など認定基準に適合していることを示す書類と、製品の品質・仕様に関する書類を出すことになっている。県の職員が現地調査をし、関係各部の担当者で作る認定検討会で審議、認定委員に選んだ学識者の意見を聞いて認定する。

認定委員は有機、分析、土木・建築など四分野から六人が選ばれているが、六人のうち五人が三重大学の教授、残る一人は鈴鹿高専の元名誉教授。合議制ではなく、県庁の職員が大学の研究室を訪ねて聞き、その意見を反映させるという方法だ。

認定されると認定マークを五年間使えるが、かわりに事業者は品質と安全性を維持し、三カ月に一回の検査を行うことが義務づけられる。認定した後の立ち入り調査も定められているが、事前に事業者に連絡し、現地で確認するだけだ。製品から有害物質が溶出しないか調べる検査も事業者任せで、チェック機能はかなり劣る。

石原産業が出したフェロシルトの申請書は、三重県とその近県に月六〇〇〇トンをトン五〇〇円で販売しているとし、「使用済み硫酸を再生資源とし、炭酸カルシウム、水酸化カルシウムで中和、酸化し製造する」と説明していた。そして、硫酸法の排水だけでフェロシルトを製造することを示すポンチ絵を添えた。

フェロシルトの成分は、酸化鉄が三九％、珪素が一六％、酸化カルシウムが一一％を占め、土の硬さの尺度であるコーン指数も非常に堅いことを示す二五〇〇KN・平方センチメートル。用途として「有機質を含有していないことから土地造成時の埋め戻し材として広く利用でき、フェロシルトに含まれるカルシウム、鉄分が植物の生育を旺盛にし、かつ葉緑改善効果が認められており、植物の生育にも適した材料」と強調していた。実は石原産業は、天日干しして水分を減らしたり、クロムを除去したりした別物を造り、それを分析機関に出して得た良好な分析結果を県に提出していた。この時、石原産業はすでに二〇〇一年から三重県亀山市辺法寺町に七万トン、四日市市垂坂町に七万五〇〇〇トン、愛知県瀬戸市幡中町に一四万トンを持ち込み、埋め戻しの工事を進めていた。しかし、雨が降ればどろどろになり、県に提出したような品質はとうてい得られていなかった。

視察に備え、製法変える

認定検討会は、製品の使い道について審査する建設資材部会と安全性を審査する環境部会に分かれ、それぞれの審査の結果をこの合同会議に持ち寄り、最終判断する。

環境部は四日市工場に立ち入り調査を行うことを事前に連絡した。製造現場を視察し、排水や排煙などの処理がきちんと行われるかどうか確認するためだ。

六月五日の夕刻、事務所で帰り支度を始めていた石原ケミカルの社員らに管理職が手書きの文書を渡した。作業指示簿と呼ばれ、工場排水を担当する職場に毎日配られているものだ。四日市工場の多くの施設から出る工場排水の処理は石原ケミカルが引き受けている。

工場排水は、製品を作る原料の成分が日々違うように、その成分の比率は一定ではない。特にpHは時間ごとに変化し、それに応じて中和剤である炭酸カルシウムの投入量を変えなければならない。排水量も日々変化し、濃度も変わる。現場の社員たちは計測器やpH計をにらみながら、パイプの弁や中和剤の投入量を遠隔操作している。

この作業内容を記したのが作業指示簿である。フォーマット通りにパソコンで作成されているが、この日はなぜか手書きである。

「変だ。いつもはパソコンなのに」

社員たちは疑問を抱いた。

実のところ社員たちの間ではフェロシルトとアイアンクレイが同一のものと認識されていた。硫酸法の排水と塩素法の排水が二本のパイプでつながり、流れを調節する弁を操作していたからだ。

指示簿はパイプの弁を閉じ、硫酸法の排水だけでフェロシルトを製造するとしていた。だが、管理職はその理由を明かさない。

「明日からサンプルを作るんだ」と管理職が言った。これまでもサンプルの製造はたびたびあった。「指示簿を手書きにしたのは、証拠を残さないためだった」。社員たちは後でそう知る。しかし、製造ラインの変更には時間がかかった。製造日報によると、六月五日にフェロシルトの生産量は二七〇トンあったのが、六日には二〇四トンに落ち、一〇日には一三九トンまで減った。

その一〇日の日、三重県の環境部の職員数人が工場を訪れた。佐藤副工場長が自ら案内し、フェロシルトの保管場所を見せた。リサイクル製品として販売し、実績をあげていることを説明し、フェロシルトの製造工程を見せた。

「問題はありません」。県の職員らは視察を終えると、満足げに県庁に引き上げていった。偽装工作は成功した。佐藤副工場長は再びもとの製法に戻すように現場に指示した。そうしないと余分にアイアンクレイができ、廃棄物処分場への持ち込み料金が増えるからだった。二日後、フェロシルトの生産量は二七四トンに戻った。アイアンクレイの生産量は、六日に五六トンだったのが、一〇日には一一八トンに増え、一二日には五六トンに減った。

調査した県の職員は、後に私にこう釈明した。「見た限りでは真剣にリサイクルに取り組んでいた。パイプラインを見てもあまりに複雑で、どれとどれがつながっているかなんてわかるはずもなかった」

こうした偽装工作がほかにも二回あることを、私たちは製造日報と社員らの証言からつかんだ。二回とは〇四年一二月と〇五年三月のことである。フェロシルトが社会的に問題になったために県が事前連絡の上、立ち入り調査をした。石原産業は製法を変えて、フェロシルトの生産量を落とし、職員が帰るとまた、元に戻していた。

ある社員は、私にこう打ち明けた。

「『サンプルを造るぞ』となると、必ず手書きの指示簿が出てくる。なんでこんなことするのか、と疑問に思っていたが、そのうち、県の立ち入り日とぴったり合っていることがわかった。職場ではみな、『ひどいことをする』と憤慨していたが、上司ににらまれたら大変なので黙っていた」

アイアンクレイは産業廃棄物

リサイクル製品認定のために、七月七日に開かれた三重県の環境部会では、六価クロムなど重金属の溶出基準がクリアされていることが、石原産業の依頼で環境保全事業団が分析した計量証明書から確認された。しかし、後になって佐藤がクロムを含まない偽物を出して分析させていたことがわかる。

問題になったのは、フェロシルトとアイアンクレイの違いだった。石原産業が出した申請書には説明がなく、環境森林部は産廃と同一視されることを懸念した。そこで「違いがわかる文書を追加して出してほしい」と石原産業に求めた。同社が提出したのが「フェロシルトとアイアンクレイとの違いについて」というA４判の一枚。それにポンチ絵のようなフロー図が添付されていた。

アイアンクレイは、同社の酸化チタンの製造過程でできる産廃汚泥だ。廃棄物処理法は遮水シートを敷いた管理型処分場での埋め立てが義務づけられている。同社の排出量は年間一〇万トンを超え、すべて三重県環境保全事業団の処分場に持ち込み、埋め立て処分していた。

廃棄物処理法が制定された一九七〇年ごろは、産業廃棄物の処理方法が定められておらず、アイアンクレイは四日市市の海岸や山に埋められていた。しかし、その後、処分の方法が定められた。そこで県は三重県環境保全事業団に管理型処分場を造らせ、アイアンクレイを安価で受け入れてきた。現在の料金はトン八四〇〇円だが、フェロシルトの生産を始める前の九七年までの受け入れ料金は五一〇〇円。他の産廃が五五〇〇円なのに、石原産業だけにこっそり四〇〇円値引きしていた。アイアンクレイの受け入れ量は九七年度は一七万九〇〇〇トンあったが、フェロシルトの製造を始めた九八年度に一〇万八〇〇〇トン、九九年には七万トン、二〇〇二年度は二万五〇〇〇トン、二〇〇三年度は一万六〇〇〇トンと急減していた。

同社が提出した「フェロシルトとアイアンクレイの違いについて」と題する文書はこう述べている。

フェロシルト「硫酸法の製造で副生した使用済み硫酸を中和し、石膏を回収。その際に副生する硫酸鉄溶液を原料として中和・酸化し、フェロシルトを製造する」

アイアンクレイ「硫酸法及び塩素法の製造で発生する酸性未反応残渣スラリー及びその他の雑水、さらに酸化チタン工場以外の雑排水を中和処理することにより発生する産業廃棄物」

そして、「両者はそれぞれ別のプラントで製造しており、明確に区別されています」と記していた。

また、フェロシルトはアイアンクレイと違って厳格な工程管理が行われているとし、pH八・一、酸化鉄三八％、石膏三五％、水分四〇％以下としていた。放射線量は地上から一メートルの地点で〇・一四グレイ（フェロシルトに起因する放射線量率が〇・〇六グレイ以下、バックグラウンドは〇・〇八グレイ）以下に管理するとしていた。

申請通る

県環境部は放射線を心配した。放射線の量は微量で健康に影響するとはいえないレベルだったが、フェロシルトの粉塵を吸い込み、内部被曝する可能性がないわけではなかった。七月一〇日、津市にある県の施設で認定検討会が開かれた。出席したのは環境部循環システム推進チームのマネージャー、出納局出納チームのマネージャー、農林水産商工部産業経済政策チームのマネージャー、県土整備部公共事業政策チームのマネージャーら約一〇人で、フェロシルトを含む新規申請の一二製品について審査した。

「道路用のコンクリート側溝は問題ありません」。建設資材部会を担当する職員が報告すると、環境部会も「問題ない」と応じ、認定作業は進んだ。申請の一一番目がフェロシルトだった。「特に問題はない」と建設資材部会は認めたが、環境部会は慎重な姿勢を示した。

環境部の担当者は七月二八日、太田清久・三重大学教授（環境化学）の研究室を訪ね、フェロシルトについて意見を求めた。

「先生、放射線は大丈夫でしょうか」

「数値は特に高くなく危険ではない。しかし、石原産業が製品として出すときに安全な数値かどうか、確認する必要がある。重金属など他の有害物質は溶出結果を見る限り問題ありません」

太田教授は、担当者が差し出した意見書に視線を落とした。フェロシルトに「以下の条件付きで、認めます」と書いた欄にマルを打ち、小さな字で「放射線量」とだけ書いた。

それからの石原産業の動きは素早かった。週一回、保管場所で地上から一メートルのところで放射線量を測るとしていたが、県から再検討を求められ、週三回に頻度をあげた品質管理計画書を再提出した。県は九月一〇日、それを太田委員に伝え、承諾を得た。

その二日後の午前、環境部会が開かれ、フェロシルトを含む一二製品すべてが「認定に値する」と決まった。審議はわずか三〇分だった。

会議記録にこうある。

「安全性に関する基準　溶出試験については問題がない。放射線については旧四省の『チタン鉱石問題に対する対応方針』に従い、管理（輸入鉱石、使用鉱石、廃棄物）。しかし、製品の基準がないため、一般公衆の当量限度を管理値として設定し、週三回の測定頻度で製品管理するということで、放射線についても問題なし」「その他　事業団に埋め立てているアイアンクレイとフェロシルトとの違いを肯定的に確認できる資料の添付」

その日の午後、合同会議が開かれ、環境部の報告を了承、認定手続きが終了した。

こうしてフェロシルトは県の審査をすり抜けた。もし、環境部がフェロシルトはアイアンクレイではないかと疑い、抜き打ちでフェロシルトを採取し、さらに県環境保全事業団の処分場に搬入しているアイアンクレイと比較すれば、どちらからも環境基準を超える六価クロムが検出されたに違いない。

実は、当時、環境保全事業団がアイアンクレイとフェロシルトが同じものであったことを認識していたことを示す文書がある。

アイアンクレイを、環境保全事業団が管理する海面の埋め立て処分場に受け入れるかどうか、三重県と事業団、四日市港管理組合の三者が話し合った時の議事録だ。そこに事業団幹部の「石原産業がアイアンクレイをフェロシルトの名前にして売り出そうとしている」との発言がある。議事はそれを前提に進み、県もフェロシルトとアイアンクレイを同一視していた疑いが強い。

ところで、当時審査に係わった幹部は、後に私にこう釈明している。「チェックするといっても、最初からだますつもりで偽の文書を出されたらやりようがない」

しかし、太田教授は言う。

「事業者が出したデータが甘い数値であることは往々にしてある。そもそも認定してもらえないような数値を出してくるわけがない。県自らが測定し、厳しくチェックした方がよかった」

こうして県のお墨付きを得た石原産業は、リサイクル製品に認定されたことをパンフレットに書き込み、生産と販売に励んだ。

8 フェロシルト問題検討委員会

おわび行脚

名古屋市中区の愛知県庁の裏に知事公館がある。八月四日、朝から報道陣が入り口に集まり待機している。石原産業の田村藤夫社長が神田真秋知事に面会するのだ。

神田知事は一宮市の市長を三期九年勤めた後、県議会の自民党の有力者たちにかつがれ、一九九九年に知事におさまった。温厚でまじめな人柄が災いしたのか、存在感の薄さを指摘され続けてきた。しかし、二期目の仕上げの時期にさしかかった知事にとって、三期目に向けて独自の「神田色」を打ち出すことが重要な課題になっていた。愛知県にはすでに三〇万トン以上のフェロシルトが埋設され、瀬戸市など各地で住民紛争の火種を抱えていた。環境を重要課題に位置づける知事にとって、フェロシルト問題でおかしな対応をとれば命取りになる恐れもあった。

田村藤夫社長は安藤正義常務を伴い、公館に入ると、緊張した顔つきで知事を待った。しばらくたって神田知事が姿を現した。田村社長は「大変ご迷惑をかけました」と言って頭を下げた。神田知事はにこりともしない。カメラマンたちが一斉にフラッシュをたいた。

その一週間ほど前、石原産業は、ホームページでこれまでに販売したフェロシルトを全量自主回収すると表明していた。しかし、こうも言っている。「フェロシルトは、当社の工夫と技術開発により生み出された、循環型社会の形成を目的とする国の環境基本方針の趣旨に適合した商品であります。フェロシルトと検出された土壌環境基準を上回る重金属との関係については明確ではなく、この解明には多大な期間を要しますが、施工地域での不安の解消を優先することがメーカーとしての社会的責務であるとの観点から、当社は、愛知県、三重県においても可能な限り自主回収することといたしました」

田村社長は、三重県、岐阜県、愛知県の三知事に面会を求め、自主撤去の方針を伝えるお詫び行脚をしていた。

田村社長が言った。

「(埋設地を)調査し、自主的に回収させていただくことを決断しました。十分配慮していくことで地域の住民の方々の不信を払拭できればと思っております」

知事が応じた。

「企業の社会的責任が指摘されるなかで、環境が最も重視されるべきです。住民の不安や悩みは非常に大きかった。県民の気持ちを考えると、どなたにも信頼していただけることが必要です。原因究明も含めて取り組んでほしい」

「私たちも予想もしなかったことが起きて困惑しているのです。（フェロシルトから六価クロムが検出された原因は）専門家を動員してつきとめたい」

そういうと、田村社長は、「フェロシルトは酸化チタンを造る過程で循環型社会に資するためにやった技術開発の結果と思っています」と、なおフェロシルトの正当性に固執した。

工場労働者の不安

田村社長がお詫び行脚する中、四日市工場では社員向けに説明会が開かれていた。

連日のマスコミ報道で、社員から「どうなっているのか」と不満の声が高まっていた。工場にダンプカーが列を作って入って来てはフェロシルトを積み下ろし、あちこちに赤褐色の山ができていた。

「撤去費用だけでも大変なお金がかかる。石原産業は大丈夫なのか」

「何が起きているのか、毎日、新聞を見て知るようでは困る」

社員の不安を代弁し、労働組合が工場に説明会を求めていた。

八月初め、ホールに管理職とそうでない社員が別々に集められた。

安藤常務が状況を説明した。

「フェロシルトは石原産業が独自に開発した商品で、三重県からもリサイクル製品と認められており問題はありません。ただ、野積みした段階で六価クロムが出る。商品には問題がないので調査しているところです」

商品に問題ないと言いながら、工場内に四カ所あるフェロシルトの置き場は立ち入り禁止になっていた。四月からフェロシルトの製造は中止され、フェロシルト以外のリサイクル製品を製造しているプラントも、管理職の許可がないと近寄れなくなっていた。ものものしい警戒ぶりである。

安藤常務の説明のあと、社員たちに不安がよぎった。「こんなに警戒しているからには、工場にとってよほど都合の悪いことが起きているのだろうか」

ところで、情報提供してくれた男と最初にあった後、私は「何とかもう一回」と口説き、何回か会ってはいた。しかし、男は心を開こうとしない。

「あなたの新聞社は、武富士から五〇〇〇万円もの巨額の金を不正に受けた。そんな会社が石原産業の不正を暴けるのか」

「あなたが信頼できるかどうか、わからない。私を裏切らないと保証できるのか」

「この前見せた資料を勝手に使ってもらっては困る」

せっかくつないだ細い糸が、早くも切れてしまいそうだ。

「今回が本当に最後だ」という男を説得し、私は、一冊の本を差し出した。企業の環境犯罪について以前、私が書いた『環境犯罪』という本だった。「マスコミが信頼できないというなら、私とあなたの個人同士の信頼関係でやるしかありません。あなたとの約束は何が起きようと守ります」

携帯電話の番号を教え、返事を待った。二週間ほどたったころ、携帯電話が鳴った。男からだった。

指定された場所に現れた男は言った。

「できる限り、協力しましょう。でも、これはあなたと私との個人の関係として情報を提供するのですよ」

この男を私はXと呼ぶことにした。どこから仕入れてくるのか、貴重な情報をそのつど私に提供してくれるようになった。わたしもXのことを調べ、やがて信頼にたる人物であることを確認した。その情報をもとに関係者宅を回った。

その中でXの示した操業月報が本物であることを確認した。協力者も現れ、補強できるデータや内部文書を入手し、複数の証言を得て、産廃の混入の事実は間違いないと確信できるところまで来た。

取締役の膝が震えた

私たちは石原産業に質問書を何回か送り、インタビューを申し込んでいた。しかし、期待したような回答はなかった。都合の悪いことには黙りを決め込み、突然、ホームページで発表するか、紙きれ一枚を大阪化学工業記者クラブに投げ込む。これがこの会社の流儀だった。

「このままじっとしていても仕方がない。急襲するか」。八月二日、私たち三人は大阪市の本社を訪ねることにした。ビルの一階に守衛がおり、普通はそこでチェックを受ける。だが、守衛の姿はなく、私たちはそのままエレベーターに乗り込んだ。炭野泰男・経営企画管理本部長のいる部屋は、磁気カードがないとドアが開かない仕組みになっている。部屋の前にいると、ドアが開き、社員が出てきた。すべり込むように私たちが中に入ると、秘書が微笑んでいた。「お待ちしていました」。炭野本部長は経済部の記者の取材を受ける予定で、秘書が間違って私たちを招き入れたのだった。予定していた時刻もぴったりだった。

「運がいいな」。私が言うと、奥村記者が笑った。「面白くなりそうですね」

しばらくし、応接室に入ってきた炭野本部長は、「あなた方と会う約束はしていない。どうやって入ったの」と気色ばんだが、理由を説明すると「短時間なら」と応じた。

私は質問を始めた。

「三重県に行なったリサイクル製品の認定申請と違った製法でフェロシルトを作っていませんでしたか」

炭野「そんなことありません。申請通り、ちゃんと硫酸法からの排水で作っていました」

「私たちが得た資料や証言によると、塩素法の工場から出た排水、それに農薬工場からの排水、その他様々な排水がフェロシルトの製造工程に混入されています」

炭野「そんなこと……」

炭野の顔が青ざめる。

「これらの排水は本来は産廃のアイアンクレイの原料です。つまり産廃を混入しているんですよ」

炭野の目が泳ぎ、両膝が、それこそ音が出るほどにがたがた震え始めた。私も長く記者をしているが、こんなことは初めてである。

「私たちが持っている資料によると、フェロシルトが増えるほどアイアンクレイが減っています」

「そんなことはありません。ちゃんとやってますよ。産廃を減らすため、私たちは純度の高いチタン鉱石を使ってきたんです」

説明は要領を得ず、膝の震えはおさまらない。証拠となる文書を見せる手もあるが、そうすればそれを隠滅したり、改ざんされる恐れがある。

インタビューは終わった。炭野は最後まで認めることがなかったが、私たちは確信を得た。彼らは全容を知っていると――。

検討委員会で偽装工作が暴露

岐阜県が、埋設地のフェロシルトから環境基準を上回る六価クロムとフッ素が検出されたことを発表すると、愛知県、三重県も調査に乗り出し、そして同様の分析結果を得た。田村社長がお詫び行脚を済ませると、石原産業の内部では、「これでフェロシルト問題に区切りがついた」と安堵感が漂った。

しかし、不思議ではないか。「循環型社会に資する製品」だと抗弁しながら、巨額の費用を負担して「製品」を回収する企業があるものだろうか。それに大損害を受けているというのに、社員のだれも処分されない。

動きが鈍く、岐阜県や愛知県の後塵を拝していた三重県がやっと動き出した。六価クロムの生成の究明を自ら行おうというのである。県は最初、石原産業に原因究明を期待していた。しかし、「製品から六価クロムは検出されない」との一点張りで、ようやく見切りをつけたのだった。

八月一八日、フェロシルト問題検討委員会が設置された。メンバーには平田健正・和歌山大学教授（システム工学）、松田仁樹・名古屋大学教授（廃棄物工学）矢永誠人・静岡大学助教授（核・放射化学）、宮脇健太郎・明星大学助教授（廃棄物工学）が選ばれ、平田教授が座長に就任した。リサイクル製品の認定にかかわった三重大学の関係者は意識的に外されていた。

市民団体の中には、三重県がこの問題をうやむやにするために設置したのではないかと疑う者も少なくなかった。しかし、委員のリストを見た私は、逆に「これなら相当やれる」と確信した。

行政に都合のいい結論を出したい場合、いわゆる御用学者を座長に据えて人選が進められる。廃棄物の分野でも政府や自治体の作ったシナリオ通りに会議が進められ、結論が作られることはよくある。だが、フェロシルト問題はこれと様相を異にしていた。まず、民間企業の問題であること。第二に実態がわからず、企業が協力しようとしないこと。第三に、もし、うやむやのまま司直の手に移れば、リサイクル製品に認定した県の責任問題に発展しかねないことなどの諸事情があった。「このまま石原産業の言い分をうのみにし、無理心中するのはごめんだ」と、県の幹部があからさまに言い始めてもいた。

力量のある専門家が人選された。平田教授は三菱地所と三菱マテリアルによる大阪市内のマンション開発を巡る土壌汚染問題で、原因の究明と解決策を審議する委員会の座長を引き受け、その公平な運営が住民の信頼を得ていた。「専門的な判断は必要だが、それを最終的に住民が納得、了解するようなものでありたい」というのが持論で、環境省の国立環境研究所の研究員から大学に転じた人だ。

県から打診されて教授は言った。「あらかじめシナリオがあるのならこの話は受けません」。県の担当者は「白紙でお願いします」と約束し、フリーハンドでの会議の運営が決まった。平田教授は、システム工学部長の激務をこなしながら委員の人選をはじめ、県から提出された資料をもとに計画を練った。

偽フェロシルトを提出

八月二一日に名古屋市内のホテルで開かれた第一回目の検討会は、まず、石原産業にフェロシルト問題の経過説明をさせ、それから委員が簡単な質問をするにとどまった。

波乱が起きたのは第二回目の九月一〇日の会議だった。名古屋市内のホテルには傍聴を許された市民も多数集まった。石原産業からは安藤正義常務、古賀博巳参与らが出席し、技術職の古賀がフェロシルトの製造工程について説明した。

「チタン鉱石の大半の成分は溶解し、チタンは加水分解して分離、製品化します。一方、使用済みの硫酸は鉄、マンガンなどが硫酸塩の形で溶解しており……」

ひと通りの説明が終わると質疑応答に移った。

委員「チタン鉱石に含まれる成分の濃度はどれぐらい違うのか」

石原産業「主成分は変わらないが、金属などの不純分がずいぶん違います。それがフェロシルト中のクロムの含有量に影響している。総クロムは一グラム当たり一〇〇〇ｐｐｍぐらいではないか」

平田座長の指示で、県は、県内の埋設地から採取したフェロシルトと、石原産業が提出したフェロシルトのサンプルの両方を、六価クロムの溶出試験だけでなく、三価クロムと六価クロムからなる総クロムの含有量も調べていた。環境基準は水に溶け出る量で決まるが、水に溶けないまま物体の中にとどまっているものもある。
平田座長はなぜ、含有量を調べろと命じたのだろうか。しばらく審議を追う。
座長「埋設地での県の調査結果を見ると、表層（地表）に近いところは高い。また、総クロムの高いところは溶出した六価クロムも高い。ところが石原産業が出したフェロシルトのサンプルを見ると、六価クロムは溶出していないが、クロムの含有量はたった一六ｐｐｍしかない。一方で埋設地のフェロシルトの総クロムは一〇〇〇ｐｐｍを超えている。どういうことですか」
石原産業「……」
埋設地のフェロシルトに一〇〇〇ｐｐｍを超えるクロムが含まれていることが県の調査でわかり、石原産業も出荷する段階のフェロシルトに同等の量が含まれていることを認めた。ところが、石原産業が提出したサンプルの総クロム量はゼロに近い。石原産業が出したサンプルは、クロムの含まれない偽物だった疑いが濃厚になったのである。
別の委員が追い打ちをかける。
委員「（本物の）フェロシルトは工場に残っていないのか」
石原産業「フェロシルトには複数の種類があって元の物がはっきりしない」

委員「製品として残っているものはないのか」

石原産業「以前はあったが、埋めてしまった。復元するのは難しい」

平田座長は、フェロシルトのサンプルに含まれる総クロムの量が低い理由を次回、回答するように求め、「持っている情報はすべて開示してほしい」と言って、会議を締めくくった。

会議が終わると、平田教授は私に憮然として言った。

「それなりの専門家が集まった検討委員会なんです。姑息なことをしてごまかせると思ったら大違いだ」

嘘の上塗り

メンツ丸つぶれの事態に、工場に戻った幹部らは頭を抱えた。しかし、このことはしばらく田村社長に伏せられた。都合の悪い情報は途中で握りつぶすか、ねじ曲げて報告する。いつもこの会社では行われてきた。

石原ケミカルの石川達雄技術部長がそれを究明することになった。石川部長は岡山大学工学部を卒業し、工場に移る前にいた研究所では酸化チタンの塗料研究室に在籍していた。佐藤も当時、研究所の金属研究室におり、古賀も同じ研究室で席を並べた仲だった。石川は工場で酸化チタンの製造部門を担当した後、石原ケミカルの設立と同時に佐藤に引き抜かれ、石原ケミカルの取締役兼技術部長に就任した。温厚で人望は厚いが、佐藤の命令に服従していた。暴走を諫めようとでもしたものなら、「おまえ、首をかけて言っているんだな」とすごまれるからである。

石川が直属の部下にサンプルのことを尋ねると、部下は「あれは別の製品でした」とあっさり打ち明けた。「フェロフィックスA」という製品だったというのだ。

フェロシルトの製造ラインと別に、硫酸法の濃硫酸だけを引き込み、上澄み液だけを脱水、さらに三日間、天日干しして作るのが「フェロフィックスA」である。たった一時間でできあがるフェロシルトに比べて手間ひまがかかるが、クロムなどの不純物はほとんどなく、凝集効果に優れる。大量に作れないので、注文があった時だけ遊んでいるプラントを動かして作っている。だが、外見上はフェロシルトと見分けがつかない。

五月末、「フェロシルトのサンプルがほしい」と県から要請を受けた佐藤副工場長は、ふだんから目をかけている部下に「フェロフィックスAを持ってこい」と指示した。佐藤はこれを県にフェロシルトと偽って提出した。

「フェロフィックスA」はこの時だけでなく、リサイクル製品の認定を受ける際など、しばしばフェロシルトのダミーとして使われていた。

石川はこれを知ると、社内のフェロシルト対策委員会に報告した。

九月二五日、四日市市の県庁舎で第三回の検討委員会が開かれた。委員らは前回の検討会で、四日市工場のプラントを動かし認定申請通りの製法でフェロシルトを作るように、石原産業に要請していた。この日にプラントが動き、委員らはプラントを視察した後、検討委員会に臨んでいた。

冒頭、安藤常務が陳謝した。

「フェロシルトの純度を上げようと取り組んでいた試作品を、フェロシルトと取り違えて提出してしまいました」

石原産業が安藤常務名で出した顛末書にはこうあった。

「さて、六月一日にお渡ししたフェロシルト製品サンプルについては、素性を調査した結果、本年二月にフェロシルトの純度アップを図った改良品の試作を行った際のサンプルであり、当方の手違いでお渡ししたことが判明しました。尚、改良品の商業生産は設備上の問題から行っておりません」

真っ赤な嘘である。「フェロフィックスA」というれっきとした商品で、会社のホームページでも環境商品として扱っている。これを使ったことがわかれば商品に傷がつくと心配したのだろう。

もはや石原産業の話を信用する委員はいなかった。ある委員は「これは学者のやることじゃない。警察の仕事だ」と吐き捨てるように言った。

その後、できたばかりのフェロシルトから、環境基準を上回る六価クロムが検出された。さらに排水の沈殿物からも六価クロムが検出された。これで、「フェロシルトを埋めてから空気に触れて酸化が進み、三価クロムが六価クロムに変わる。出荷段階で問題はなかった」という石原産業の主張は崩れた。

会社は六価クロム生成を知っていた

このころ、私は関係者からある分析結果を手に入れた。フェロシルトだけでなく、硫酸法の廃液と塩素法の廃液の両方から高濃度の六価クロムが検出されたことを示していた。一方、農薬工場や隣の日本アエロジルの廃液からは検出されず、酸化チタンの製造工程で六価クロムが生成する事実を示していた。また、産廃のアイアンクレイからも環境基準を上回る六価クロムが検出されていた。これまで環境保全事業団は、「受け入れているアイアンクレイから基準を超えた六価クロムが検出されたことは一度もない」と私に説明していたが、大きな疑問を提起したことになる。

そのころ宮脇助教授は、東京都日野市にある明星大学の研究室で実験に取り組んでいた。空気中で酸化が進むとどれぐらい三価クロムが六価クロムに変わるのか。宮脇は、三重県から手に入れたフェロシルトを三〇グラムずつ二〇個に分け、あるフェロシルトはそのままの状態、別のフェロシルトは水をかけたりドライヤーで乾かしたりして乾燥と湿潤を繰り返し酸化を促進と、条件を変えて変化を調べていた。二〇日間過酷な条件にしたフェロシルトの一つから環境基準を五〇倍上回る六価クロムが検出された。管理型埋め立て処分場への持ち込み基準（一・五ミリグラム）をも上回る数値である。

研究室を訪ねた私に、宮脇は、実験内容とともにフェロシルトの製造工程でどのように六価クロムが生成するのか説明してくれた。

「pHが六価クロムの生成に影響すると聞きました」

「フェロシルトの製造工程で排水のpHがアルカリ性となると、酸化しやすい状態が生まれ、三価クロムは六価クロムになります。もともとチタン鉱石に含まれていた六価クロムも影響します。もちろん、僕がやった実験のように長期間、空気に触れる状態にすると酸化が進み、六価クロムの濃度が高まることもありえます」

検討委員会は、フェロシルトの製造工程から六価クロムが生成するメカニズムをほぼ解明していた。その物質が他の物質をどれぐらい酸化しやすい、または還元しやすい状態なのかを示す酸化還元電位とｐＨとの関係を調べると、酸化還元電位の値が高くてアルカリ性になった時に六価クロムの領域が広がる。つまり、六価クロムが生成する危険が高まることがわかった。

「同じ排水から作っている石膏から六価クロムは検出されません」

「石膏はｐＨを低く管理してあるからです。商品だから危険性のないようにしているんでしょう」

「どんな場合に酸化が進むのですか」

「例えば空気を吹き込んだ時です。反対に鉄を入れたら下がりますが、鉄が沈殿してしまうと出ます」

私は工場排水のフロー図を見せた。宮脇が指差した。「ここに空気の吹き込み口があるでしょう。危険性が増しますね」

「むき出しで長期間放置すれば六価クロムが生成する危険もあると」

「空気に触れれば酸化が進みます。本当は五〇センチもの覆土は必要ないかもしれない。でも、石原産業は五〇センチ覆土するように施工業者に指示していたでしょう。覆土すれば空気が遮断されるから酸化は進まない。もちろん、放射線が外部に出るのを防止する意味もありますが、石原産業が三価クロムが六価クロムに変わることを知っていて、その対策として五〇センチとしていたのなら、相当悪質だと言わざるを得ませんね」

内部資料

フェロシルトは毎日、石原ケミカルの技術課の担当者がサンプルを採取している。そして、一カ月間に採取した三〇点のうち七点を工場の検査グループに回し、重金属などの分析を行う。検査結果は極秘とされ、工場のごく少数の幹部を除いてだれにも知らされなかった。

検査グループは総勢二五人。「原料」、「商品」、「工場排水・リサイクル製品」の三班に分かれて分析している。フェロシルトは「工場排水・リサイクル製品」の班が担当だが、彼らは箝口令が敷かれていることもあって特に口が重い。それぞれ他の班の検査内容を知らされず、上司に報告を上げるだけだ。この検査グループを束ねるのが品質保証部長だ。元部長の自宅を訪ねたが、「退職時に会社の秘密は漏らさないと誓約書を書いているから一切話せない。たとえ警察に呼ばれても顧問弁護士の承諾がないと行かない」と語るだけだった。

しかし、別の関係者はこう明かした。「フェロシルトの検査は最初、酸化鉄、水分など県に提出しているような簡単な成分を調べるだけで、石原ケミカルがやっていた。ところが、途中から六価クロムなどの欄が検査記録用紙に追加され、工場本体の検査グループで分析するようになった。分析した値は極秘で一部の管理職にしか渡されなかった」

このころ、私はある工場幹部から、石原ケミカルから四日市工場に提出されたフェロシルトとアイアンクレイの生産計画書を手に入れた。工場内で廃棄処分される運命にあったが、工場幹部が写しを保管していたのだ。

生産計画書は毎年作成され、硫酸法や塩素法による排水と、石膏などリサイクル製品の製造の流れ、さらにpHの管理値、投入する薬剤の量、廃液に含まれる重金属などの成分比率、フェロシルトと石膏の生産能力とその算定基準、計画排水量などが記されている。さらに硫酸法の排水は一日約二八〇〇トン、塩素法の排水は一五〇〇トン、農薬工場からの排水は一六〇トンなど、一六種類の工場排水ごとに書かれ、H−廃酸といわれる排水にはチタンが一リットル中三五〇グラム、三価鉄が三六グラム、三価チタンが七グラム、マンガンが四グラムなど排水ごとに成分と管理値が記載されており、排水処理計画の全容がわかる極秘文書だ。

この文書をみると、石膏は硫酸法の排水だけを原料に作られ、他の排水は混じっていない。MT酸化鉄というリサイクル製品も同様だ。ところがフェロシルトは、一種類を除いたほぼすべての排水から製造されている。操業の実態を示した操業日報と工場排水のフロー図、この生産計画表をつき合わせることで、初めて工場の全体像を把握することができる。

そして、これらの資料をもとに、私は関係者をあたった。ある技術者はこう言った。「さ

主原料及び産出物発生原単位（Ａ－ＧＹ１６基、Ｃ－ＧＹ４基）

1）上期　（Ｓ法チタン１９５ｔ／Ｄ　・　ＣＬ法６０００ｔ／Ｍ）

ＷＡ類		発生量 M3/D	発生量 TA-t/D	基準	CaCO3 t	CaO t	NaOH t	A-GY Dt	C-GY Dt	ＭＴ Dt	ﾌｪﾛｼﾙﾄ Dt	ＩＣ Dt	ﾌｪﾛｼﾙﾄ Dt	ＩＣ Dt
Ｈ－ＷＡ		840	294.0	TA-t	0.8765	0.0756	0.0617	1.3043	0.2304	0.0625	0.2381	0	0.2381	0
Ｎ－ＷＡ		2280	148.0	TA-t	0.8831	0.0921	0.0409	1.2827	0.2829	0.0414	0.2973	0	0.2973	0
S-WA	A-2	800	4.8	m3	0	0.0041	0	0	0.0093	0	0.0038	0	0.0038	0
	B	700	4.2	m3	0.0056	0.0007	0	0	0	0	0	0.0108	0.0039	0.0069
Ｍ－ＷＡ		900	5.4	m3	0.0053	0.0009	0	0	0	0	0	0.0409	0.0149	0.0260
ＣＬ－ＷＡ		1050	*2.1	m3	0	0.0022	0	0	0	0	0	0.0021	0.0008	0.0013
COS－ＷＡ		380	*23.0	m3	0.0506	0.0244	0	0	0	0	0.0568	0.0568	0.0776	0.0361
				TA-t	0.8365	0.4039	0	0	0	0	0.9391	0.9391	1.2817	0.5965
Ｏ－ＷＡ		300	1.0	m3	0	0.0031	0	0	0	0	0	0.0043	0.0016	0.0027
ＢＳ－ＷＡ		160	1.0	m3	0	0.0118	0	0	0	0	0	0.0094	0.0035	0.0059
			*1.0											
ＡＣ－Ａ		40	Na2CO3 3.0	m3	0.075	0	0	0	0	0	0	0	0	0
ＮＡＣ－Ｂ		700	*7.0	m3	0.0147	0	0	0	0	0	0.0031	0	0.0031	0
				TA-t	1.4714	0	0	0	0	0	0.3143	0	0.3143	0
排脱ｽﾗﾘｰ		240	-	m3	0	0	0	0	0	0	0	0.0010	0.0003	0.0007
機能材ｽﾗﾘｰ		500	-	m3	0	0	0	0	0	0	0	0.0005	0.0002	0.0003
砂濾過ｽﾗﾘｰ		600	-	m3	0	0	0	0	0	0	0	0.0004	0.0001	0.0003

2）下期　（Ｓ法チタン１９５ｔ／Ｄ　・　ＣＬ法６２００ｔ／Ｍ）

ＷＡ類		発生量 M3/D	発生量 TA-t/D	基準	CaCO3 t	CaO t	NaOH t	A-GY Dt	C-GY Dt	ＭＴ Dt	ﾌｪﾛｼﾙﾄ Dt	ＩＣ Dt	ﾌｪﾛｼﾙﾄ Dt	ＩＣ Dt
Ｈ－ＷＡ		888	311.0	TA-t	0.8388	0.0847	0.0781	1.2797	0.2186	0.0814	0.2605	0	0.2605	0
Ｎ－ＷＡ		2409	157.0	TA-t	0.8423	0.1029	0.0516	1.2610	0.2739	0.0535	0.2930	0	0.2930	0
S-WA	A-2	800	4.8	m3	0	0.0041	0	0	0.0075	0	0.0037	0	0.0037	0
	B	700	4.2	m3	0.0055	0.0007	0	0	0	0	0	0.0102	0.0038	0.0064
Ｍ－ＷＡ		900	5.4	m3	0.0050	0.0011	0	0	0	0	0	0.0411	0.0154	0.0257
ＣＬ－ＷＡ		1050	*2.2	m3	0	0.0023	0	0	0	0	0	0.0022	0.0008	0.0014
COS－ＷＡ		380	*24.3	m3	0.0532	0.0256	0	0	0	0	0.0599	0.0599	0.0823	0.0374
				TA-t	0.8321	0.4016	0	0	0	0	0.9362	0.9362	~~1.2868~~	~~0.5856~~
Ｏ－ＷＡ		300	1.0	m3	0	0.0031	0	0	0	0	0	0.0043	0.0016	0.0027
ＢＳ－ＷＡ		160	1.0	m3	0	0.0118	0	0	0	0	0	0.0094	0.0035	0.0059
			*1.0											
ＮＡＣ－Ａ		40	Na2CO3 3.0	m3	0.075	0	0	0	0	0	0	0	0	0
ＮＡＣ－Ｂ		700	*7.0	m3	0.0147	0	0	0	0	0	0.0031	0	0.0031	0
				TA-t	1.4714	0	0	0	0	0	0.3143	0	0.3143	0
排脱ｽﾗﾘｰ		240	-	m3	0	0	0	0	0	0	0	0.0010	0.0003	0.0007
機能材ｽﾗﾘｰ		500	-	m3	0	0	0	0	0	0	0	0.0005	0.0002	0.0003
砂濾過ｽﾗﾘｰ		600	-	m3	0	0	0	0	0	0	0	0.0004	0.0001	0.0003

石原産業の内部資料、フェロシルトなどの生産計画表の一部
A—GY と G—GY は石膏、MT は酸化鉄、IC はアイアンクレイを指す

まざまな排水を混入させ、pHを一定に保てなくなった。六価クロムが生成するのが心配だった」。また、混入は六価クロムだけでなく、排水中のマンガンの濃度も高め、たびたび排水基準をオーバーし、技術者たちを悩ませていた。

佐藤副工場長失脚後も工作

ところで、工場は、これらの文書をすべて廃棄しただけではなかった。さらに取材を進めると、文書だけでなく、工場に保管されていた大量のフェロシルトのサンプルも廃棄されていていたことが、複数の社員の証言からわかった。サンプルは、石原ケミカルの社員が採取し、大きなビニール袋と小さな袋に日付を記して事務所に保管されていた。ところが、忽然《こつぜん》と消えたのである。社員らは九月の下旬ごろだったと証言する。

そのころ四日市工場は、フェロシルト問題検討委員会の求めでフェロシルトを製造していた。岐阜県は「そのサンプルを受け取りたい」と連絡し、三〇日に工場を立ち入り調査した。県の職員らはプラントを視察し、持ってきた大量のびんに工場排水を詰めた。「徹底的に調べろ」と古田肇知事が指示していたからである。

古田知事は四期を務めて引退した梶原拓知事のあと、二〇〇五年二月に知事に就任したばかり。総務省の官僚出身だが、梶原前知事のもとで、垢《あか》のたまった岐阜県庁の改革に取り組もうとしていた。その後、県庁で明るみに出た裏金問題でも弁護士の調査チームを作って存在を暴き、梶原をはじめとするOBと現職に返還を迫った。

垢といえば環境問題もあった。御嵩《みたけ》町で起きた民間業者による産業廃棄物の建設計画を巡り、梶原は業者の意向そっちのけで第三セクターによる公共関与方式による処分場計画をぶちあげた。それが火に油を注ぎ、町が建設計画の妥当性を問うた住民投票では八割の住民が計画に反対した。九七年の住民投票の後、この問題は店ざらしにされ、県の産廃行政は停滞を極めていた。

岐阜県には愛知県の埋設地から持ち込まれたフェロシルトも多く、住民の不満は大きかった。古田知事の陣頭指揮で六月に六価クロムを検出して自主撤去への流れを作ると、それを愛知県と三重県が追いかけた。

今回のサンプルの廃棄は、岐阜県の鋭い動きを石原産業が恐れた結果なのだろうか。

関係者によると九月のある日、安藤常務は部下にこう尋ねたという。

安藤「名古屋で開かれた検討委員会で出したサンプルはフェロシルトではない。どうなっているのかと聞かれた。現場にサンプルが残っていたので検討委員会に出したのに。（フェロシルトの）サンプルは残っているのか」

部下「まだ、残っています」

これについて炭野泰男・経営企画管理本部長は、「製造している時からサンプルを残してこなかったと聞いている。四月に製造を中止した時に全部処分したのでそもそもなかった」と話す。

しかし、事情を知る社員はこれに反論して言う。

「岐阜県の立ち入り調査を恐れたか、あるいはサンプルのすり替えが三重県の検討委員会で発覚したから、残しておいてはまずいとなったのかどうかはわからない。しかし、大量のサンプルを廃棄しておきながら、フェロシルトは最初からなかったなどとうそをつくのは許せない」

9—トカゲのしっぽ切り

夜の記者会見

一〇月一二日の夜。石原産業は突然、津市の三重県庁で記者会見を行った。

田村社長は「製品中に六価クロムが含まれる可能性があり、提出サンプルをすり替えた事実があることを会社として防止できなかったことは遺憾で、責任を痛感する」と述べた。

内容は、

「佐藤副工場長が独断で、三重県に申請したのと違う方法でフェロシルトを製造するよう指示していたこと」

「この事実がばれないように部下に文書の廃棄を命じていたこと」

「三重県のフェロシルト問題検討委員会に偽物のサンプルを提出したのは佐藤副工場長の指示だったこと」

「佐藤副工場長を解職処分にし、今後法的な措置も検討すること」

の四点だった。

佐藤副工場長がすべてを仕切り、独断で行った行為であるとし、社長や工場長など主要な幹部は知らなかったというのである。

逃げ切れなくなった石原産業がトカゲのしっぽ切りをする挙に出たのだ。

すでにこれまでの取材をもとに、私たちは数回質問書を出していた。夏すぎからあいまいな回答が三回、届いた。私たちの手元には五本ほどの予定原稿があり、いつでも掲載できる準備が整っていた。しかし、会社の判断で紙面化は当分の間、見送ることになった。石原産業が正式に非を認めるのを待つというのである。相手はかつての「公害企業」である。些細なことでもこちらに落ち度があれば名誉毀損などの法的手段に出るのではないかという危惧もあったようだ。従軍慰安婦報道をめぐるNHKとの対立で政治家たちから批判を受け、より慎重、防御的な姿勢になっていたことも背景にあったと思う。

私たち三人の記者が危惧したのは石原産業の出方だった。のらりくらりとした対応を続け、証拠を隠滅し、うやむやにするか、あるいは、逃げ切れないと思った時、いつものように紙きれ一枚を大阪の記者クラブに放り込み、ホームページで公表して終わりにするかどちらかに違いない。いずれにしても証拠の隠滅は急ピッチで進むだろうと感じた。

私たちは石原産業が真実を発表せざるをえない状況に追い込むことにし、取材を続けた。それが、一二日の夜の記者会見である。

実は、夜の会見に至るまでの間に裏話がある。石原産業はその日、朝から発表の下準備のために三県を訪ねている。安藤正義常務らはまず三重県庁を訪ねた。あらかじめ用意した報告書の案を提出した。そして午後四時から記者会見する意向を示した。報告書は、佐藤副工場長がすべて独断で行ったことだと書かれていた。が、手に取ったA４大のペーパーに目を通した県環境森林部の松林万行総括室長は、それを突き返した。

「受け取れません」

「本当に製造工程で六価クロムができると認めていいのか」

石原産業の幹部たちは報告書を持って引き下がった。三重県が記者会見させなかったのは、検討委員会でフェロシルトから六価クロムが溶出した原因究明をしている途中なのに、同社の報告書は、六価クロムが生成する可能性があるとし、さらにフェロシルトの製造についてはリサイクル製品の認定前から県と十分連絡してやってきたとの趣旨が書かれていたからだったという。

石原産業の幹部は、今度は愛知県庁と岐阜県庁を回った。そして愛知県と岐阜県の幹部に「三重県が反対して、記者会見できなくなった」と泣きついた。これに鋭く反応したのが岐阜県だった。

報告を受けた古田肇知事は怒った。「うちで発表しろ」。部下が「三重県とすりあわせした方が」とおそるおそる言うと、「三重県に相談なんかする必要ない。発表すると言えばいいんだ」と語気を強めて言った

午後四時から岐阜県が独自に会見を始めると、驚いた三重県は急遽、方針を変え、石原産業に連絡した。

「こっちに来て県庁で会見しろ」

石原産業は、三重県の気にさわった文面を削除し、発表文を作り直した。そして田村社長は大阪本社から三重県庁に向かった。

フェロシルトをめぐって岐阜県と愛知県は、これまでの三重県の対応に業を煮やしていた。石原産業の幹部を呼んで「撤去してほしい」と要請しても、石原産業は「三重県が認めたリサイクル製品です」と居直るばかり。三重県に問いただすと、「リサイクル製品と認定した以上は商品です」と突っぱねられ、煮え湯を飲まされてきた。岐阜県と愛知県の担当者たちは「三重県にとって都合の悪いことが書かれていたから、記者会見を潰し、ほおかむりする

つもりだったんだ」と批判した。

撤去命令と刑事告発

「トカゲのシッポ切りで逃げようとしている」。私たちは翌日の夕刊から、手持ちの原稿を吐き出し、キャンペーンを展開した。応援の体勢もできた。産廃になる排水をどれだけ混入したのか。三重県の立ち入り調査の際、産廃の混入をやめ、正規のフェロシルトの製法に変えた偽装工作や認定制度の欠陥など、隠された事実を暴いていった。

三県の動きが慌ただしくなった。夜、愛知県庁を訪ねると、廃棄物対策課の片岩憲成主幹は言った。「記事を読んでこれは犯罪だと思った。早くやらないと証拠が隠滅される可能性が強い」。県庁西庁舎六階の廃棄物対策課は、いつもは夜九時を過ぎるとだれもいなくなるのに、帰る職員はいない。

稲垣隆司・環境部長も同じ階の部長室に詰めた。稲垣はずっと環境畑を歩き、「公害の時代」を知る数少ない一人である。「一刻も早くフェロシルトを産廃と認定し、撤去命令を出したい」。顔を紅潮させて言った。稲垣は一九六九年暮れに四日市海上保安部が石原産業を摘発した事件をよく覚えていた。

「石原産業、廃硫酸と聞いて、あのたれ流し事件を思い出した。摘発されて反省したと思っていたのにまたやった。僕らの年代の役人はみな、あの会社と事件のことを覚えている。愛知県もそんな水質汚染がないか、調べて回ったことがあったから」

岐阜県では古田知事のリーダーシップのもと、猿渡要司・環境生活部長を中心に、撤去命令とともに岐阜県警に不法投棄で告発する準備を進めていた。その後、産業労働部長になった猿渡はこう述懐する。「情報をオープンにして、迅速、透明、厳格にやろうと言っていたから、岐阜県として主体的に判断したいと思った。企業の社会的責任とはなにか、そのことをずいぶん考えさせられた」

三県は廃棄物処理法（一八条）に基づく立ち入り調査と報告義務を求め、職員らが工場に連日立ち入り調査を繰り返した。同法（一九条）にもとづき措置命令（撤去命令）を出すにはフェロシルトを廃棄物と認定することが必要だ。そのためには、認定するだけの証拠がいるからだ。廃棄物処理法は、産廃の処理基準に適合しない処分が行われた場合、生活環境の保全上支障が生じたり生ずるおそれのあるときには、環境省や県は、業者に支障の除去等の措置を命じることを定めている。業者が従わない場合には五年以下の懲役か一〇〇〇万円以下の罰金という罰則がある。業者に代わって行政側が代執行で産廃を除去し、後で費用を取り立てることもできる。まさに「伝家の宝刀」である。

これまで全国の不法投棄事件でしばしば命令が出されている。しかし、七二万トンもの巨大な量の撤去を求めたことはなく、石原産業という名の知れた一部上場企業に適用するのも廃棄物史上、前例がなかった。

はやる二県に比べて、三重県は違っていた。撤去命令を出すか態度を明確にせず、一〇月中旬にも出そうとしていた二県にこう持ちかけた。「三県で環境省に行って産廃と認定できるか見解を聞きたい」。三重県はフェロシルトをリサイクル製品に認定し、それが各地に埋められる大きな要因になっていた。石原産業に頼まれて埋設地での住民説明会に出て、「フェロシルトはリサイクル製品です」と、住民をなだめる役目を果たしたこともあった。

そんな過去の失態が、曖昧な態度をとらせる。岐阜、愛知両県の知事に比べ、野呂昭彦知事も積極的に指揮をとろうとしなかった。RDFの爆発事故、発電施設の大赤字、環境保全事業団の溶融施設の大赤字、そして今度はリサイクル製品の誤認定……。北川正恭知事が犯した失政の尻拭いをさせられ、部下にぐちをこぼしたこともあったという。

環境省は産廃と認定

私は、環境省の関荘一郎・産業廃棄物課長を訪ねた。環境省の技官だが、廃棄物を担当するのは初めてで、課長になってまだ日が浅い。しかし、さすがは官僚。数カ月もたつと廃棄物処理法をそらんじられるほどになっていた。

関課長の見解は明快だった。

「例えば食品の中に有害なものが混入し、それを不良品として回収することはある。石原産業が主張しているのはこの不良品回収論。でもそれはまともな商品を作っていることが前提で、今回は違う。産廃のアイアンクレイと同じ排水を混入して造り、有害物質の六価クロムを含んでいる。『六価クロム入りの商品をほしい』という人はいない。トン一五〇円で販売したように見せかけながら、裏で改質加工費の名目でトン三〇〇〇円も払っていたのだから逆有償の疑いがある。改質した実態がなければ産廃の処理費に当たる」

「じゃあ、すぐにも撤去命令を出せますか？」

「三県の実情が違うから一律にはいかない。個別に検討して出すことになるだろう。別に廃棄物処理法違反容疑で告発も検討するのではないか」

「石原産業は六価クロムが含まれていることを知らなかった。予見できなかったと主張しています」

「予見なんか関係ない。廃棄物処理法は知っていたかどうかに関係なく、それが産廃であるなら、免責されない」

「環境省にお伺いを立てて、これは産廃と言ってもらわないと、三県は命令を出せないのですか」

「そんなことはない。何を持って産廃と認定するか、その基準はすでに通知で詳しく示しているから、自治体がさっさと認定すればいいんです。地方分権のこの時代に、三県がそろって相談に来るとは」

ただ、環境省が最初からこうした積極的な姿勢であったかというと怪しい。

私は夏に同課を訪ねて、ある官僚にこの件について相談したことがあった。だが、彼はまったく関心を示さなかった。「六価クロムが環境基準を超えるといっても基準の二、三倍じゃ。これでは生活に支障が出ないから、自治体は廃棄物処理法に基づく撤去命令を出すことは難しい」

三県の担当者は一〇月二四日、環境省を訪ねた。そして、産廃の認定についてお伺いを立て、産廃と認定してもいいとの回答を得た。

口裏合わせ

ところが、お膳立ては整ったというのに三県の担当者たちは一様に頭を抱えた。石原産業四日市工場に立ち入り調査をしたのに、工場が提出してくる資料は会社のパンフレットのようなものばかりだったからだ。事情聴取した管理職たちもまるで口裏を合わせているかのようだった。

「管理グループに配属になっている。改質加工費、用途開発費などの名目で資材調達管理グループ、環境・保安グループから支払い、振り替え依頼書が出されているが、運送費であると理解していた。生産計画書などにおける廃液などの混入の記載事実は把握していなかった」(管理職)

「石原ケミカルから石原産業へは、生産計画立案資料を作成して毎年一月頃に提出しており、その提出指示書類は用済み後、廃棄しております。アイアンクレイのサイクル数や他の混入廃液等の率は佐藤副工場長が指示しており、それを履行していたもので、それを記載していた作業指示簿は一部、佐藤副工場長の指示でシュレッダー処理されたと思います。製造ラインの変遷、変更は、佐藤副工場長の指示で行い、これが通常の命令系統です。石原ケミカルの社長は四日市工場長が兼ねていて事務屋であり、よくわからなかったと思います」(別の管理職)

工場長の安藤正義常務

「フェロシルトは廃棄物の再資源化を目的に平成九年から開発、一〇年に生産を開始した。

チタン製品のコストダウンを目的に立案し、本社にも報告している。フェロシルトは製品であるが、ＩＳＯの規定から除外していた。開発の段階から佐藤副工場長が会社の方針で対応してきたが、佐藤副工場長に技術の長としてまかせていた結果、やってはいけないことをした。今回の会社としてやってはいけないこととは、一、アイアンクレイの成分を混入させる指示、二、サンプルのすり替え、三、立ち入りデータ、作業指示簿の廃棄等。社内調査は一〇月三日～五日、四日市工場であった。役員会が一〇月一一日、その結果、一〇月一二日に発表した。用途開発に関する契約書は販売促進を含めて運送費としての契約であり、工場契約である」

佐藤驍《たけし》元副工場長

「平成九年六月から平成一七年六月ごろまで石原産業四日市工場副工場長として勤務していました。フェロシルトの開発に至った経緯は平成八年頃、本社にできた生産構造再構築推進本部の四日市工場の実施本部の事務局長としていた当時から産業廃棄物の減量化を目的に研究開発されたものです。当然、私がたずさわった業務については副工場長の立場で行ったものであり、会社としての行為であります。フェロシルトの販売として中部国際空港をあてにして大量生産したのですが、採用の見込みが立たなかった頃、瀬戸市幡中町や京都などからの引き合いがあり、そのような販売ルートで生産、販売を続けました。その販売に当たって業者と覚書を締結していますが、当然会社として結んだものであり、当時の工場長に口頭では報告していると思います。覚書に記載された開発費等については金額の目安として運搬費や作業費程度と話をしたかもしれません。この費用について経理部門が運搬費として判断しているとのことであれば、そういう性質の経費としてとらえられても仕方ありません。なお、フェロシルトについては生産当初から価格が安いこともあり、品質管理を怠っていました。今となってはリサイクルの構造改善として行ったフェロシルトの生産については、大失態であり、大変申し訳なく思っています」

フェロシルトから六価クロムの分析データなど有害性に関する文書や、フェロシルトの生産計画書など、あるはずの文書はなかった。私たちが入手した内部資料はすでに廃棄されたのだろう。愛知県の片岩主幹は、深夜、提出された文書の束を私に見せた。

「誰もが判で押したように、佐藤副工場長一人に責任を押しつけている。大切な書類があるはずだからと言っても出さない。こんなに非協力的な企業も珍しい。県警が強制力を持ってやらないと、県では限界がある」

しかし、まもなく三県の担当者は、ある重要な文書を見つけて小躍りする。石原テクノと販売先の業者と結んだ正規の売買契約書のほかに、裏で石原産業と業者が結んだ契約書と覚書が見つかったのである。「改質加工費」「用途開発費」などの名目で、石原産業がトン約三〇〇〇円を販売先の業者に払っていたことを示していた。表向き商品と見せかけ、裏で処理費を払ったことになる。

こうした「逆有償」の取引について、環境省は廃棄物と認定する有力な証拠の一つとしていた。

「フェロシルトへの産廃混入とともに、産廃と認定できる有力な根拠になる。これで撤去命令が出せる」

愛知県の幹部は確信を深めた表情で私に語った。

三重県議会に社長招致

三重県議会では「田村藤夫社長を招致しろ」という声が渦巻いた。議員提案でリサイクル製品利用推進条例を制定し、フェロシルトを認定したのに泥を塗られたからだ。

一一月四日、県議会健康福祉環境森林常任委員会が開かれた。田村社長の招致が決まったのだ。委員会室には田村社長のほか、安藤常務、古賀博巳・地球環境部長も並んだ。

議員たちの厳しい目が田村社長に注がれる。「フェロシルトで大変なご迷惑をかけ、おわびを申し上げたい」。田村はこう切り出した。だが、多くの時間をコンプライアンス（法令順守）の体制作りに割き、事件をこう評した。
「私自身、会社自身驚いている。産廃の混入を佐藤副工場長がどういう目的でやったのかわからないが、一歩踏み外した。大変残念なことだ」
これでは委員らがおさまるわけがなかった。
溝口昭三県議「佐藤副工場長の時、あなたは工場長だった。まったく知らないというのは」
田村「工場長の時にそういう報告は受けていない。途中で私は専務になり大阪に転勤した。工場長の実務は佐藤副工場長がしていた」
溝口「三田処分場での受け入れを言うが、ここは公共の処分場だ。県民感情として許されない。自主的撤去でいいか」
田村「その通りです」
溝口「石原産業は一九七二年に大気汚染公害で敗訴し、一九八〇年には廃硫酸のたれ流しで有罪になっている。もう二回やっている。三〇年前に海に流したのを今度は土壌にまき散らした。社長はどう責任とるの」
田村「事情はどうあれ責任はある。回収して反省を込めてやっていきたい」
稲垣昭義議員「三県とも産廃と言っているではないか」

田村「重金属の測定では合格していた。（六価クロムの生成については）一〇〇％断言したということには至っていない」

稲垣「二〇〇一年七月に中部空港への持ち込みを断念している。（その後）産廃として処理するという議論があったのではないか」

田村「中部空港の埋め戻し材として三〇万トンため込んでいたが、難しいといわれ、方向転換した。（トン三〇〇〇円を業者に払ったのは）輸送費としての処理だ」

稲垣「（フェロシルトを）自信持って出せるならいいが、多額のお金を使っている。営業マンは産廃という認識がなかったのか」

田村「はい」

稲垣「副工場長は自分の判断でできない。工場長に報告していたのではないか」

田村「佐藤の上司だったが（産廃の）混入について報告はなかった。そのようなことを聞いて私が認めるわけがない」

稲垣「佐藤副工場長が別の配管をしてまったく別のものを作ったというが、商品のチェックをしていたはずだ。通常の企業からみて信じられない」

田村「当時、よくないという意見を佐藤にした担当者がいたが、問題ないということを言われた」

三重県議会の常任委員会で議員の質問に答える田村社長

稲垣「工場内に廃棄物対策委員会を作り、産廃を一四万トンも減らしている。その時、疑問は出なかったのか」

田村「削減テーマは古くからある。石膏を回収し、原料のチタンスラグの純度も上げてきた。委員会の委員長は工場長だが、年一回の開催で、減ったという結果はそこに出たが、減ったプロセスは聞いてこなかった」

あくまで佐藤副工場長個人がやったと述べる田村社長は、その後も自説を曲げない。

さじを投げたように、清水一昭常任委員長が締めくくった。「一〇〇条委員会ではないので偽証罪でやれないが、私は黒に近いグレーだと思っている」

委員会が終了すると、私と県幹部の目が

合った。吐き捨てるように彼は言った。

「まるで社長の独演会。本当に知らないのか、それともしらを切り通しているのか。もし、知った上で演技しているのなら相当のタマだ」

フェロシルト問題検討委員会の結論

県議たちは刑事告発を急ぐよう県に迫った。県は三重県警から告発するように促されていた。最初はフェロシルト問題検討委員会の結論を待って告発する予定だったが、翌五日、石原産業と佐藤副工場長を告発した。容疑は、産廃を混入したことと、トン一五〇円で販売を装いながら、裏で開発費の名目でトン三〇〇〇円を払っていた逆有償の実態をとらえ、フェロシルトを産廃と認定。その上で産廃を運搬する資格のない業者に委託したという廃棄物処理法の委託基準違反容疑だった。

しかし、石原産業が行ったのは不法投棄そのものだった。豊島（香川県）や岩手・青森県境の巨大不法投棄事件でも、容疑は不法投棄だった。三重県の幹部は「県警と相談し、まずは確実な容疑に絞った」と説明した。

告発された石原産業も苦境に陥っていた。撤去費用が当初の一〇〇億円から一九七億円に倍増したのである。最初は八〇万トンですむと踏んでいたが、調べてみると土と混ざって一〇〇万トンを超える勢いだった。民間処分場の引受先は見つからず、たとえ見つかっても高い料金をふっかけられ、処理費用を大幅に修正せざるを得なくなったのである。三田処分場もトン八四〇〇円を一万五〇〇〇円に値上げし、これに便乗して利益を稼いだ。

それでも石原産業の株価に大きな変動はなかった。酸化チタンの市況は好調で、農薬の販売も堅調だった。フェロシルト問題がなければ経常利益は一〇〇億円近い水準にあるが、撤去費用を銀行からの借金で補わなくてはならなかった。

三重県フェロシルト問題検討委員会も大詰めにさしかかっていた。

一一月六日、名古屋市内のホテルで委員会が開かれた。委員会の冒頭、安藤常務がこれまでの経緯を説明した。そして、「三重県に刑事告発され、きわめて深刻な事態だが、捜査に対して真摯に対応したい。昨日取締役会を開いて、回収費用として一九七億円を決定した。本当に申し訳ございませんでした」と謝罪した。だが、それを委員たちのだれも信じてはいなかった。

平田座長は、安藤工場長の説明が終わると、「終わったら石原産業の人たちは退席してください」と通告した。こんな連中と一緒に原因究明や今後の対応策を話し合いたくないという委員たちの気持ちを代弁していた。それに議論を聞いた石原産業が、後で対抗策を編み出す恐れがあった。

この日、検討委員会の報告書案が提案された。宮脇助教授は大学の研究室で行なった実験結果を発表し、サンプルの一つが二・五ミリグラムを記録したことを明らかにした。

さらに、工場の排水の沈殿物から六価クロムが検出されたことを報告し、「フェロシルトのもとになる工場排水から出たことが重要で、製造過程で出たことは間違いない」と断定した。その上で、pHと酸化還元電位との関係を説明し、（フェロシルトは）理論的に三価クロムの域にぎりぎりの状態であり、一部が六価クロムになっていると推測できる」と六価クロムが生成するメカニズムについて説明した。

松田教授は「原因は製造工程で六価クロムが生成したということでいい」、矢永助教授も「長期に保管と乾燥を繰り返すと六価クロムがさらに増える可能性がある。撤去すればいいというものではない」と、撤去でこの問題が終わるわけではないことを強調した。

また、矢永助教授は「工場から出た物をリサイクルして土壌の埋め戻し材にするのは問題という意見もあるが、工場の廃棄物を減らし、リサイクル製品にすることは間違ってはいない」と、リサイクルそのものに否定的な一部の市民団体などの主張に苦言を呈した。

そして委員会として、石原産業に▼製造ラインを市民に公開すること▼製造ラインを保存し、条件を変えて実験することを要請した。

この後、県の認定制度の検討に移り、六価クロムの濃度が変化するのに認定のための測定がたった一回でよかったのかなど懸案事項を議論した。認定された一三三品目について県はもう一度、点検することを約束した。

最後に平田座長が「リサイクルが後ろ向きにならないような報告書にしたい」と述べ、会議は終了した。

会議後、六価クロムの生成を石原産業が知らなかったと主張していることについて、報道陣からコメントを求められた平田教授は、「ｐＨと酸化還元電位との関係は化学メーカーの技術者なら当然知っていることだ」と一蹴した。

三重県警が動いた

一一月八日、午前八時四六分。石原産業四日市工場の正門に二台のマイクロバスが乗りつけた。降り立ったのは三重県警の六〇人の捜査員たちだった。空の段ボール箱を脇に抱え、事務所に入る。事務所はカーテンで覆われ、捜査員の行動を監視するかのように、社員があちこちに立っている。上空では報道各社のヘリコプターが旋回している。強制捜査に踏み切ったのだ。

容疑は、廃棄物処理法の委託基準違反だった。捜査員はプラント施設や回収したフェロシルトの保管場所で現場検証を始めた。

午前一一時、大阪市の本社ビルにも捜査員三人が到着し、家宅捜索に入った。三重県警は翌日も工場の捜索を行い、同時に鈴鹿市にある佐藤副工場長の自宅も捜索した。この日、岐阜県は、不法投棄の容疑で石原産業と田村社長ら三人を岐阜県警に告発した。石原産業は八日、記者会見をせず、おわびの談話を紙で出した。「今後の捜査に誠実、かつ真摯に対応するとともに、早期の信頼回復に努めたい。株主をはじめ関係各位に、心配と迷惑をかけ、心からおわびします」。この会社がわびる相手はいつも株主である。最も迷惑を被っているのは埋設地の周辺住民だというのに。

石原産業の家宅捜索を続けながら、捜査員たちはあせりを感じていた。三県の立ち入り調査の時と同様、決め手になる書類がほとんど見つからないのだ。フェロシルトが産廃であることを立証するためには、生産計画書、有害物質の分析結果、議事録、フェロシルトの開発の過程を記した書類、石原ケミカルの社員に出した作業指示簿などが必要である。しかし、当然あるべき書類がどこにもない。

佐藤が家宅捜索を受けた翌日、私は三重県鈴鹿市の佐藤の自宅を訪ねた。新聞受けに新聞が入ったままで留守だ。私は幾度となく訪問し、佐藤と接触を図ろうとしていたが、頑として取材に応じなかった。

ある夜、ドア越しに呼びかけた。「ドアをあけてください」。ガラス窓に人影が映った。うめくような声が返ってきた。「頼む。勘弁してくれ」

一一月二一日、愛知県と岐阜県はそろって石原産業にフェロシルトと周辺土壌の撤去を命じた。撤去命令はふつう、「生活環境上の支障を除去すること」と書くのだが、両県は土混じりのフェロシルトも含めて「撤去」と明確に書いた。土をかぶせる覆土でごまかされることを恐れたのだ。愛知県は、瀬戸市、長久手町など九カ所のフェロシルトを二〇〇六年二月から八月までに、岐阜県は可児市、瑞浪市など九カ所のフェロシルトを〇六年二月までに、それぞれ撤去するよう命令した。愛知県には二六万六〇〇〇トン、岐阜県には六万七〇〇〇トンのフェロシルトが持ち込まれ、住民の怒りは沸点に達していた。

一方、三重県は、「石原産業が自主的に撤去するといってやっているんだから、行政指導でいい」との姿勢を通した。そんな三重県を見て、愛知県の幹部はこう皮肉った。

「昔から石原産業と仲良くやってきたから、撤去命令なんてとても出せないんだろう」

10 起業家と国士

ゴム園主めざしマレー半島へ

毎年九月、石原産業は、京都府長岡京市にある西山浄土宗総本山光明寺で合同追悼法要を行ない、亡くなった社員やＯＢを弔《とむら》っている。境内に慰霊塔と石碑があり、こう刻まれている。

遙か南方に志を立て／祖国発展を願って／地下資源を求めた創成期
今世界人類への貢献を誓い／化学の無限を探究し／培いし技術で
価値ある創造をつづける／移り行く時々に／社業発展のため／
真摯に果敢に情熱を燃やし／任務を全うせし／先達ここに眠る

ドライな会社が多くなった中で家族的、あるいは企業一家的な雰囲気を残す石原産業を象徴している。一方、創業者の石原廣一郎は、この高名な寺ではなく、京都市南区の遺族宅に近い西蔵寺という小さな寺にひっそりと葬られている。

石原産業の社風を知るために、しばらく創業者の歩みをたどりたい。


石原廣一郎は、一八九〇年、京都市落西の篤農家の家に生まれた。長太郎、サキ夫婦は六人の子宝に恵まれ、長男の廣一郎は、小さいころから一ヘクタールほどの畑の仕事を手伝い、家計を助けた。

一五歳で京都農林学校へ進み、卒業後しばらくは農業に専念した。二〇歳になると、京都府庁の農業技手の職を得た。しかし、大卒が幅を利かせる役所で展望を見出せず、高等文官の試験に備えて立命館大学の法科専門部に入学、夜間学生として勉学に励んだ。しかし、語学が苦手ですっかりあきらめてしまった。そんな時、廣一郎の運命を決定づけるできごとがあった。京都府庁を紹介してくれた教師がマレー半島のジョホール州のゴム園の視察から帰り、開拓話を披露したのである。廣一郎は水田の調査を手がけており、測量の技術がある。廣一郎は、同じく農林学校を卒業した新三郎ら弟二人と一緒に南方行きを決意した。

一九一五年、二七歳になった廣一郎は妻トミと三歳の娘を連れ、神戸港を出港した。香港を経由してシンガポールへ。小舟に乗り換えてマラッカ海峡を北上、ゴム園の予定地に到着した。一年かけて二〇エーカーの土地にゴムの木の苗を植え付けたが、ゴム園から収入を得るのは三年も先の話だ。父が水田を売って工面してくれた六〇〇〇円は底をつきかけていた。

廣一郎は鉱山の調査に着手することにした。こんなことが記憶に浮かんだからだという。シンガポールに立ち寄った時、歩道に撒かれたバラストを見た。褐鉄鉱だった。「日本では鉄が不足して困っているのにバラストに使っている。この国は鉄鉱があるのではないか」

一年かけてマレー半島中部から東海岸まで調査を広げたが、成果はなかった。あきらめかけていたころ、シンパンキリ川の上流に鉄山があるとのうわさを知人から聞いた。廣一郎たちは、船を上流に進めた。ハンマーを手に丘陵を登り、密林を歩いた。やがて視界が明るくなり、眼下に黒光りする岩が一面に見えた。スリメダン鉄山だった。一九一九年八月のことである。

鉱山を発見、事業家に

廣一郎はジョホール州政府に試掘権の許可申請を済ませると、金策のため妻と娘を伴い帰国した。そして、立命館大学の中川小十郎総長を訪ねた。台湾銀行の頭取を務めていた中川は台湾の財閥を紹介した。廣一郎は財閥の保証を得、銀行から融資を受けると、鉱山開発に着手した。難題は採掘した鉄鉱の販売先の確保だった。廣一郎は八幡製鉄所に白仁武長官を訪ねて、長期の契約に成功した。

一九二〇年、大阪市に南洋鉱業公司が設立された。後の石原産業の母体である。同時にシンガポールに石原産業公司を設立し、石原産業公司の生産した鉄鉱石を南洋鉱業公司が引き受け、販売する仕組みを作った。鉄鉱石を採掘しても今度はそれを運ぶ船がいる。一九二四年、政府から資金を調達して二隻の船を買い、運送会社を設立した。そして、一九三一年に日本とジャワ間に定期航路を開いた。事業意欲はとどまるところを知らず、さらにインドネシアやフィリピンの島々へと、鉱山開発の手を広げた。

一九三四年、廣一郎は三重県の三二に及ぶ小鉱山を買収し、一万ヘクタールの大鉱山にまとめて「紀州鉱山」と名づけた。廣一郎は、紀州鉱山とフィリピンからの銅鉱を国内の工場で精錬することを考え、瀬戸内海か、伊勢湾での立地を考えていた。

四日市工場を国内の拠点に

一九三七年三月、吉田吉太郎四日市市長を訪ねた。吉田は「四日市港は明治時代には日本の貿易港として海外まで知られていたが、いまは名古屋港に押され、衰微に傾いている。是が非でもここに工場を建ててください」と懇願した。

廣一郎が目をつけた土地は塩浜農地と呼ばれ、小作人たちによる争議が続いていた。そこで知事があっせんに乗り出し、市の責任で土地を買収、廣一郎も参加して設立した四日市港湾土地会社が埋め立てを担った。こうして石原産業が得た七〇ヘクタールの土地は、「石原町」と名づけられた。銅精錬工場と、硫化精鉱を原料とする硫酸工場、さらに硫酸を原料にして硫安を作る肥料工場の建設にかかった。

足尾鉱毒事件を持ち出すまでもないが、日立、別子をはじめ、各地の鉱山や銅の精錬所では公害が発生し、農民に多大の被害を与えていた。四日市市もその危険があった。住民の住む内陸部と、工場を集める四日市港周辺の海岸地域は分離されてはいるが、境界は明確ではなく、戦後、深刻な大気汚染公害を招くことになる。

廣一郎は公害に無関心だったわけではない。「煙害を防ぐために煙突を高くし、排煙を遠くに飛ばし、拡散させればいい」。そう考えた廣一郎は、当時アメリカにあった世界一高い煙突よりも三メートル高い一八四メートルの煙突を建てることを決意した。煙害を巡って裁判を経験した大阪アルカリという銅の精錬会社を買収しており、それなりの知識はあったのだろう。煙突は一九四〇年一〇月に完成、翌年一月に銅精錬工場と硫酸工場が完成し、四三年六月に社名を石原産業と改めた。廣一郎は、将来は特殊鋼を製造する製鉄所の建設も視野に入れていた。

しかし、戦況はやがて日本に不利に傾き、南方は連合軍に奪い返され、思うように鉱物資源を日本国内に運べなくなった。四四年一二月、東南海地震が東海地方を襲った。四日市工場の自慢の煙突は上部の三分の一がぽっきり折れ、四五年六月の大空襲で、三発の爆弾が当たって煙突は倒壊、工場はその機能を停止した。

巣鴨拘置所

三重県熊野市にある紀和町鉱山資料館の二階に貴賓室がある。そこに廣一郎のレプリカと、和英辞典、ペンなど廣一郎の愛用した遺品が陳列されている。ガラスケースの中に小さな器があった。夏みかんの皮を細工して作ったものだ。燻けた色で、東京の巣鴨拘置所で廣一郎が作った。廣一郎の回顧録には、作り方の紹介とともに、東条英機や岸信介が直筆のサインをした器の写真もあるから、よほど愛着が強かったのだろう。この巣鴨拘置所に、廣一郎はA級戦犯として三年をすごした。

戦争に敗れ、海外の資産すべてを失った廣一郎は、一九四五年一二月、連合国軍からA級戦犯に指名され、巣鴨拘置所に収監された。超国家主義団体の指導者であり、日本の侵略と植民地政策、全体主義を正当化し、最も有名な侵略的人物の一人として南進の実現のために行動した、という容疑である。

この彼の軌跡を赤沢史朗・立命館大学教授の「石原廣一郎小論―その国家主義運動の軌跡」と「石原廣一郎関係文書」を頼りにたどる。

一九三一年に帰国した廣一郎は、急速に国家主義に傾いていった。国家主義者の大川周明と出会い、三二年に神武会を結成、神武建国の精神に基づいた教育、政治、経済を皇国的組織に変革することを唱えた。パンフレット「国難に直面して」を何十万枚も刷って配った。「わが国は植民地としてみるべきものなく、領土些少にして資源乏しきに反し、人口は著しき増加しつつあり」とし、日本は門戸開放と輸出の増進に全力を注ぐことを唱えた。さらに国民は負担に疲弊し、政府や政党は信頼できないとして「国民の覚醒」を訴えた。そして、「白色人種」の欧米列強は衰退期に近づいているが、日本は近隣に広大な市場があり、貿易上有利な位置にある。忍耐力も勤勉も劣らず、人口も増えている。この「好機会」に国防を充実し、官民が一致協力し、海外発展に全力を注げば、日本は世界文明の中心になると主張した。

しかし、廣一郎が資金援助していた大川周明が五・一五事件で逮捕されたことから神武会

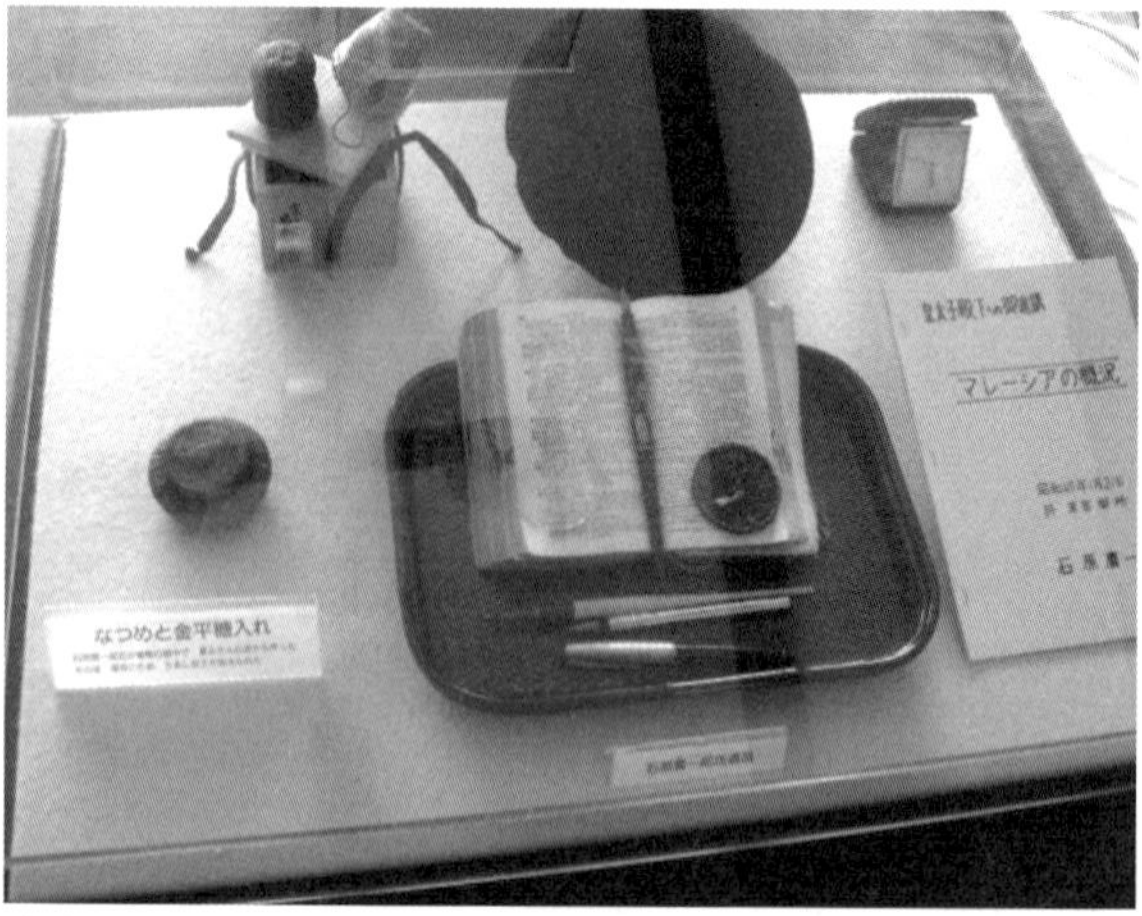

貴賓室のガラスケースには、辞書やペン、時計など廣一郎愛用の品が陳列されている（三重県熊野市の紀和町鉱山資料館で）

は挫折し、廣一郎は新たに明倫会を興した。日本精神の鼓吹、自主的外交による大東亜主義などを掲げ、在郷軍人らへの働きかけを強めた。三六年二月には京都二区から衆議院選に出馬するが、あえなく落選。二・二六事件が起きた。六月四日、廣一郎は東京憲兵隊に検挙、留置される。

廣一郎が支持者に提供した一〇〇〇円がクーデターを謀った集団のトラック代金や西園寺邸の襲撃費に使われたというのである。一二月には決起資金の提供による反乱幇助罪と、事件後に反乱軍を利する事態収拾策を図ったとする反乱予備罪の容疑で起訴、一二年が求刑された。しかし、翌年、特設軍事法廷は「いずれもその証憑十分ならず犯罪の証明なきものなる」と無罪を言い渡した。

巣鴨拘置所で、廣一郎は検察官からこうした一連の行動を尋ねられた。廣一郎は、五・一五事件は自分と無関係で、二・二六事件は提供した資金が事件に使われると予想しなかったと反論、大川周明は侵略主義者ではないとかばった。

一九四八年一二月、元首相の東条英機らに絞首刑が下された翌日、岸信介、笹川良一、児玉誉士夫ら一二人が釈放された。その中に廣一郎の姿もあった。

廣一郎は、国家主義に同調はしたが、行動の大半は経済人としての活動であり、軍事裁判で裁かれるほどの重要人物ではなかった。捕虜を工場や鉱山で働かせた嫌疑でBC級戦犯として追及されたが、これも免れた。戦時中、四日市工場に六〇〇人、紀州鉱山に三〇〇人の捕虜がおり、軍は敵愾心を煽ったが、紀州鉱山では人道的な配慮がされたようだ。一九九二年一〇月には、帰国した捕虜の一人、イルカ・ボーイズが、帰国できずに亡くなった一六人の英国兵を追悼した式典に参加、両国の友好親善と世界平和を誓っている。

ただ、鉱山では多数の朝鮮人労働者が過酷な境遇にいた。終戦後、石原産業は慰労金と退職金を払ったと国に報告したが、その後の市民団体の聞き取り調査では、受領した事実を否定した人もいるという。

一方、四日市工場での捕虜の扱いは、紀州鉱山に比べて悪かったようだ。当時を知る元石原産業社員の小杉透は、私にこう話す。「捕虜専用の寮から毎日歩いて工場に来る彼らを見ると、ろくろく食べていないのか、みな、がりがりにやせて倒れんばかりだった。敵国の兵士とはいえ、かわいそうな思いがした」

会長に復帰

廣一郎が収監されていた一九四七年四月、四日市工場に残った過リン酸肥料の工場と硫酸工場で生産が開始され、次々と社員が戻ってきた。

工場に復帰した一人である小杉透もその一人。愛媛県新居浜市の住友鉱山の銅精錬所で働いていた父は、四〇年に石原産業の募集に応じ、四日市工場の建設に従事していた。翌年暮れに家族とともに四日市市に来た小杉は、尋常高等小学校を卒業すると、四二年に石原産業に就職した。

小杉が復帰して間もなく、水谷清司が入社した。二人は年が近かったこともあって、すぐに仲良くなった。労働者の生活は貧しく、一九四六年に四日市工場、紀州鉱山など職場ごとに労働組合が生まれ、その集合体として石原産業従業員組合連合会が結成された。生活できるだけの賃金を求め、経営者を突き上げた。

一九五一年九月、廣一郎は石原産業の会長の座に返り咲いた。社員たちはみな、廣一郎の復帰を歓迎した。廣一郎が取りかかったのが2・4・Dという農薬の除草剤の製造だった。知り合いから米国で製造している新しい農薬のことを知り、「これからは農薬の時代だ」と確信した。事業家としての鋭い勘が新事業に走らせた。2・4・Dは後にベトナム戦争で枯れ葉剤として使われたが、高濃度のダイオキシンを含むことがわかり、製造禁止になった。

五二年六月、廣一郎は社長を兼任し、経営権を握った。農薬以外にもう一つ目をつけたのが、空襲を免れた硫酸工場だった。戦前は、銅精錬工場から出た亜硫酸をこの工場で濃硫酸にし、アンモニアで中和して肥料の硫安を製造していた。しかし、この時、化学の時代が到来しようとしていた。米国から石油化学工業が導入され、四日市市を含め、国内の主要都市にコンビナートを造る計画が進められていた。

大資本が支配する石油化学工業への参入に限界を感じた廣一郎は、酸化チタンに目をつけた。顔料の酸化チタンを一トン造るのに三トンの硫酸を必要とするから、過去の経験と技術が生かせる。さらに原料の鉱石イルメナイトはかつて廣一郎が活躍したマレーシアで産出されている。廣一郎は米国のグリデン社から技術を導入し、月一〇〇〇トンの生産計画を立てた。当時の国内の既存六社の生産能力は月七〇〇〇トンにすぎなかったが、通産省を説得し、月五〇〇〇トンの認可を得、五四年から生産を開始した。

しかし、廣一郎はこれに満足せず、工場の生産力を増強していった。廣一郎の勘に頼るこうした強気の経営は、労使紛争をもたらした。

労働組合の結成

秋沢昊は石原産業の中でただ一人、「最高顧問」の肩書きを持つ。七〇年に取締役になり、八八年から九九年まで社長、その後は二〇〇三年まで会長を務めた。京都大学を卒業した秋沢が入社したのは一九四七年の春。新聞記者を父にもつ秋沢は、最初はジャーナリスト志望だった。しかし、父のいた会社は労働争議のまっただ中で、秋沢は「共産党が幅を利かせているようなところはいやだ。かといって銀行員という柄じゃない」と迷った。大学で求人票をみると、石原産業の名前があった。「成績を問わず。若干名」。南方に進出し、財閥を向こうに回して活躍した会社に小気味よさを感じた。

配属されたのは大阪本社の経理課だった。エリートコースに乗ったはずなのに、伝票整理の仕事に満たされない思いを抱いていた。社員の生活は苦しく、生きていくのがやっとという時代。当時、石原産業には石炭・金属鉱山、化学、本支店など、労働形態の違いから七つの労組があり、それを「石連」として束ねていた。労働服と地下足袋の交渉団が会社幹部を「生活を保証しろ」と突き上げていた。四日市工場と紀州鉱山で操業が再開されたとはいえ、廣一郎という強烈なリーダーシップを失い、会社は窮地に陥っていた。秋沢は考えた。「経営陣は自身を失っている。その下でちまちまやっている時ではない」。間もなく、交渉団の中に秋沢の顔があった。

廣一郎の復帰を、組合は歓呼を持って迎えた。組合の「たゆみなき前進　石原産業労働組合連合会二〇年史」に、廣一郎はこう寄せている。「私の復帰に対し組合の幹部には待ってましたといわんばかりに歓迎して頂き、その気持ちに対し心からうれしく、その思い出が今なお記憶に新しい」

けれど、蜜月はそう長くは続かなかった。農薬と酸化チタンを会社の屋台骨に据えた経営者としての目は確かだったが、何しろとどまるところを知らない事業欲である。

廣一郎は、「不況時には積極策を採り、景気が出て世間が騒ぐ時は消極策を採るのが真の経営者である」と言い、資金を調達してはそれを設備投資に回し、それで得た資金をまた事業につぎ込んだ。

五〇年、朝鮮戦争が勃発した。好景気の風は石原産業にも味方した。しかし、五三年に停戦になると、風船がしぼむように日本経済は落ち込み、政府は金融の引き締めにかかった。資金ショートを起こした石原産業は、五四年に所有していた妙法鉱山を三菱金属に売り渡す事態に陥った。

ワンマン闘争

鉱山の売却益で息をついた廣一郎は、余力を酸化チタンの製造工場の増設に振り向けた。五五年に第一期計画、五七年に第二期増産計画、さらに五九年には第三期増産計画と規模を拡大した。当時の国内の総需要は年間二万五〇〇〇トンに過ぎないのに、石原産業は三万六〇〇〇トンの生産力を擁した。「業界の秩序が乱れる」と難色を示す通産省を、「七〇%を輸出に振り向けるから」と説得した。

不況が深刻化し、政府はデフレ政策に転換しているというのに、廣一郎は逆に工場をどんどん拡大しようとしている。それなのに社員への還元はない。反発した組合はストを連発した。組合の内部では、真新しい酸化チタン工場で志気のあがる四日市工場の社員と、妙法鉱山が切り売りされ、明日の我が身を心配する紀州鉱山の社員との間に大きな軋轢が生まれていた。難しい組合の舵取りには優秀なリーダーが必要とされる。秋沢は五四年に副委員長、二年後の五六年には委員長に就任し、一足飛びに階段を駆け上がった。

五八年暮れからの岩戸景気で、日本経済は活況を呈し、石原産業もフル操業が続いた。組合は大幅な賃上げを要求し、翌年に工場と炭鉱はストに突入、批判の刃を廣一郎に向けた。廣一郎は会長と社長を兼ねたワンマンで、海外への夢を捨てられない。会長に復帰した時、廣一郎は「内地事業の基盤強化」と「南方への経済進出」の二本柱を掲げ、酸化チタンと農薬であげた収益を南方進出に振り向けていた。資源開発を目的にインドネシアに設立したプルタミア銀行もその一つだが、事業はいずれもうまくいかず大赤字を出していた。

六一年四月、秋沢は、「ワンマン経営を完全に転換し、経営近代化を協力に実施するため、石原会長は経営の一切から手をひくべきである。新しい社長を中心とする新トップ体制はいままでの会長政策を完全に転換して、総合的に経営近代化を協力に推進しなければならない」との要求書を突きつけると、ストに突入した。労働運動史上有名な「ワンマン闘争」（ワン闘）である。

同社は、ストを指揮した秋沢ら幹部七人の懲戒解雇を通告、さらに組合に同調する管理職の社員らでつくる管理職会が「社長に」と推した廣一郎の長男、健三ら重役二人を解任し、対抗した。しかし、長引く争議で株価が一二〇円から六〇円に急落したことから、銀行や株主が介入し、六一年八月、一四七日間に及ぶ「ワン闘」は収束した。

廣一郎と秋沢の意地の張り合いは、いったん休戦になった。廣一郎が社長を退き、会長としての権限を圧縮する、組合の処分を撤回することで合意し、秋沢は中央執行委員長から本社の委員長に退いた。だが、秋沢が六三年九月に再び中央執行委員長に復帰すると、廣一郎も同年一一月に社長に復帰した。六五年には景気の低迷から、同社は「安定賃金」を提示、再び紛争になった。
しかし、この紛争はまもなく収束する。公害と廣一郎の死によって。

11 廃硫酸たれ流し事件、内部資料は語る

漁師の町、磯津

近鉄の塩浜駅を降りて海に向かって歩く。塩浜町に始まるこの一帯は、第一コンビナートが形成され、三菱化学、昭和四日市石油などの工場が立地している。どこまでも続く工場の塀の中から、巨大なタンクと白と赤に塗り分けられた高煙突が突き出す。やがて鈴鹿川にぶつかる。磯津橋を渡りきると、身を寄せるように、低地に家々があった。磯津地区と呼ばれ、一五一五人、六二三世帯が暮らす。

古くから漁師町として知られるこの町も高齢化が進む。磯津漁協が、市内にある富州原漁協、四日市漁協、富田漁協と合併し、四日市漁協（組合員二一二人）として生き残りを図った

四日市港から見た四日市第一コンビナートの石原産業四日市工場

のはもう一〇年も前のことだ。バッチ漁と呼ばれる二艘で網をひきコウナゴやカタクチイワシを、底引き網でヨシエビ、カレイ、アオヤギなどを獲っているが、年間の水揚げ量は一万トン足らず。漁業の衰退は五六年のコンビナート企業の進出から始まった。工場排水による海洋汚染が深刻化し、さらに埋め立てが進み、漁業環境は悪化の一途をたどった。

二〇〇六年秋。磯津町の喫茶店で野田之一（七四歳）に会った。元気そうだが、赤銅色だった肌はやけに白い。「体がつらくて、去年で漁師をやめたんや」と野田は言った。子供のいない野田は、自宅近くの喫茶店で妻と一緒にコーヒーを飲むのが楽しみで、四日市を訪れた子供や若者たちに四日市公害を伝える「語り部」でもある。

野田は、フェロシルト問題についてこう感想を述べた。

「石原産業は三回、公害を起こした。一回は亜硫酸ガスを出してわしらをぜんそく患者にしたことや。二回目は大量の廃硫酸を海に垂れ流して漁業に大損害を与えたこと。そして三回目はフェロシルトや。海に垂れ流した産廃を今度は山にぶちまけおった。あれだけ社会から批判され、わしらの前で謝ったのに何も変わってなかったんや」

野田は袖をまくり、丸太のような腕を出した。肘《ひじ》の内側に、青あざになった注射の跡が幾つもあった。「いまもぜんそくで苦しんでいる。公害がなくなったからといって、ぜんそくは消えてくれんのや」

野田は、石原産業などコンビナートを形成する六社を相手取り、津地裁四日市支部に損害賠償請求訴訟を起こした九人の原告の一人である。うち七人が亡くなり、磯津町にいまも在住するのは野田一人になった。漁師の家で長男として生まれた野田は小さい頃から体が大きく、ガキ大将で鳴らした。一〇代半ばから漁を始めたが、厳しい仕事はやがて約一八〇センチ、八〇キロを超す体躯に成長させる。一〇〇キロ以上もある大きな錨《いかり》をかついで浜を歩くのが自慢だった。

午前三時。真っ暗ななか、磯津港から仲間と小舟を操って海に出る。沖合で群れを探し、網を打つ。何十キロもある網は、ほかの船では二人がかりでやっとだが、野田は一人で網を放り投げる。しばらくたつと網いっぱいに鯛や鱸《スズキ》がぴちぴちはねる。野田は意気揚々と船を陸に向ける。魚を見つける勘にも優れた野田は、すぐにリーダーに昇格し、漁師仲間から「大将」と呼ばれた。敗戦で多くの人々が食うや食わずの生活にあえいでいたころ、磯津の人々は平穏で、それは豊かな暮らしを満喫していた。妻もめとり、野田は幸せだった。

発作に苦しむ

異変が起きたのは六二年七月のこと。厳しい寒波が列島を襲い、それまで暖かかった伊勢湾も寒さに震えた。船を出し、しばらくたつと、野田は突然、激しく咳こんだ。頭がずきずき痛む。

風邪を引いたのだろう。そう思いこんだ。昼間は何ともなかったのに。だが、夜中になるとまた、咳こむ。咳は二時間続く。「おかしな病気にかかってないの」。妻は病院行きを勧めたが、野田は「医者なんか、行けるかい」と言い返した。医者にかかったことがないというのが野田の自慢だったからだ。しかし、結核ではないか、と内心では恐れていた。

そのうち、昼間にも咳込むようになった。磯津町にある中山医院へ行くと、女院長が言った。「たくさんぜんそく患者が通って来る。野田さんもぜんそくです」

注射を打つとしばらくの間は発作がおさまった。でも、二、三日たつとまた発作が始まる。注射を打ちながら仲間と漁に出る日が続いた。北西の風が吹くと、対岸のコンビナートから亜硫酸ガスが磯津を襲う。そのたびに野田はのたうった。当時、磯津町では二酸化硫黄の濃度が最高で二・五ｐｐｍを記録するなど、環境基準の〇・一ｐｐｍを大きく上回っていた。

六五年六月、野田は三重県立医科大学付属塩浜病院に入院した。亜硫酸ガスによるぜんそく患者が磯津町だけでなく塩浜町など市内各地で増え、ベッドにぜんそく患者が横たわっていた。コンビナートを誘致した三重県が腰を引くなかで、県立医科大学の吉田克己教授が県を説得し、研究費の名目で治療費とベッドを確保したのである。

しかし、野田はベッドに横たわったままではいられなかった。しばらくすると、夜中に空気清浄機の入った病室からこっそり抜け出すようになった。行き先は磯津の漁港だった。働かねば家族を路頭に迷わせることになる。漁が終わると、病室に戻り、青い顔をしてベッドに潜り込んだ。

そのころ、名古屋の若手弁護士や学者たちが四日市市に入り込んだ。公害裁判を起こそうというのである。公害が社会を揺るがせ、マスコミも連日のように反公害キャンペーンを展開していた。六六年七月に木平卯三郎、翌年六月に大谷一彦がぜんそくに苦しんで自殺し、市民の怒りは頂点に達していた。だが、コンビナート企業を気にする県と市の動きは鈍かった。

野呂汎、郷成文ら若手弁護士が裁判の実務を受け持ち、民事訴訟法が専門の名古屋大学助教授の森島昭夫、統計学が専門の名古屋大学助手の吉村功ら若手研究者グループが法理論や公害の分析を受け持ち、裁判を支える体勢ができつつあった。

裁判へ

しかし、肝心の原告が見つからない。四日市市はコンビナート企業の城下町である。そこで、重要な役目を果たしたのが地区労の専従書記をしていた沢井余志郎だった。沢井は若い頃労働運動に飛び込み、紡績工場で働く女子労働者たちと綴り方運動に携わった経験があった。市井の貧しい人々の気持ちを汲み取る心と、解雇されても信念を曲げない強い精神力があった。紡績工場を解雇された後、地区労の専従の職を得たが、コンビナート系の労組も名を連ねており、地区労が公害患者の支援を本気でやれるとは、沢井にはとうてい思えなかった。

そこで沢井は、公害に苦しむ患者たちを支援するために「四日市公害と戦う市民兵の会」を作り、市民として患者の救済に動き始めた。吉村や第二章に紹介した河田昌東もこの会に参加し、患者の支援に動いた。塩浜病院に毎日のように通ううち、沢井は、藤田一雄、野田ら入院患者たちと心を許しあう仲になった。自転車を駆って磯津に毎日通った。ある家庭を訪ねるとタンスや壁に無数の傷跡があった。小学生の女の子が苦しんで爪でひっかいた後だった。夜、鉄筆を手に、病院や磯津で聞いた話を蝋原紙に刻んだ。患者の聞き書きやコンビナート企業の実状を綴った「記録　公害」は、四日市公害を知る貴重な情報誌であり告発誌だった。

その沢井に、弁護士の野呂と郷が相談した。「磯津の患者を原告に裁判を起こしたい。患者に会わせてほしい」というのだ。沢井は喜んで病室に案内した。弁護士たちが代わる代わる患者たちを説得し、藤田、野田ら九人の原告が決まった。提訴の日、裁判所の前で記念撮影した。「七人の侍やのうて、九人の侍や」。だれかが冗談を言うと笑いがはじけた。

六七年九月、患者たちは六社を相手取り、津地裁四日市支部に損害賠償請求訴訟を提起した。コンビナートを形成する六社が共同して不法行為を行い、公害を発生させ、被害を与えたというものだ。その被告企業の中に石原産業もいた。

石原産業の反論

石原産業は、三菱モンサント、三菱油化、昭和四日市石油など日本を代表する他の被告企業に比べてスケールは小さい。しかし、国から海軍燃料廠跡地の払い下げを受けて進出したこれら企業と違って、戦前に進出した石原産業は、四日市市の今日の基盤を築いたという誇りがある。三重県と深い絆を保ってもいた。石原産業の代理人、大塚喜一郎は、巣鴨拘置所に収監された廣一郎の弁護を行なったことのある大物弁護士で、司法修習所の教官を務めたことから、原告側の若手弁護士を「くん」づけで呼んでいた。

裁判記録は膨大なものだが、ここでは石原産業の山田務名元工場長とのやりとりを紹介したい。後で述べる廃硫酸の排出事件の刑事裁判が当時、同時進行しており、山田はその刑事被告人でもあった。

一九七一年六月。

大塚は、四日市工場がいかに公害が出ないように配慮して立地されたかを尋ねた。

代理人「工場敷地造成の様子を見ますと、海に突き出たところに浚渫《しゅんせつ》の泥を埋めて作ったようです」

山田工場長「まず建設されたのは銅の精錬所ですので、公害問題を念頭に置き、市街地からなるべく隔離するという意味合いから、半島状に突き出た敷地を造成したということかと存じます」

代理人「環境保全対策ということも考えられますか」

山田「はい、そうです。四日市地方の主風向は北西である。北西風が最も卓越しておると聞いております。磯津は私どもの工場から南南西に位置し、北西風は直接、磯津には向かわないと存じます」

ぜんそくの原因を巡って、六社は、たばこやアレルギー、家庭の暖房などが原因と主張し、自分たちの煙は磯津に到達しないと主張していた。

同年九月、野田之一が法廷に立った。

「（被告企業は）『磯津に煙は到達せん』としゃあしゃあと言っておる。そして『うちの煙突から出る煙は八畳の間でマッチ一本すったぐらいの煙や』て。計算の上ではそんなばかなことが出るかしらんが、あの煙を見てみなさい。そんなでたらめなことを言ってしゃあしゃあと日を送っておる裁判なら何の意味もないやないか。現に九人おった原告の中で二人は裁判の結果を待たんと死んだ。その人らは病床でどんな声をあげて死んでいったか。それを思うと非常にわしらは残念や」

そして、「生まれたときのふるさと、その環境に戻してほしいんや」と結んだ。

新進気鋭の環境経済学者、宮本憲一・大阪市立大学助教授は、公害の発生を予測せずにコンビナートを立地した問題点をついた。ぜんそくの発症と二酸化硫黄の濃度との因果関係を吉田克己・三重県立医科大学教授が立証した。被告企業は、法規制を守っており煙突から出た亜硫酸ガスは微々たるもので、磯津には到達しないと主張したが、原告側の豊富なデータと証言で、やがて被告側の敗色は濃厚となり、終盤には被告企業同士が責任を押し付け合い、泥仕合の様相を見せた。

判決の日が近づいた七二年の夏のある日。四日市駅前の食堂に入った野田の目にある人物の姿が映った。公害裁判を担当している米本清裁判長だった。米本は野田に気づくと、近づきこう言った。「心配せんでええよ。正義は勝つんや」。ぽかんとする野田にそう言い残すと、米本は店を出た。

米本は早稲田大学を卒業し、しばらく弁護士を経験した後、裁判官になり、地方を回って来た。四日市裁判では患者の話に熱心に耳を傾け、そして自ら質問し、現地に何回も足を運んだ。野田は目を細め、こう振り返る。

「なんか、裁判官という雰囲気の人やなかった。『判決の前に何を言うとんのや』と思ったら、ほんまやった」

判決

七二年七月二四日。朝から津地裁四日市支部の前は、報道陣と支援のために集まった大勢の市民が鈴なりになっている。

「主文。被告らは各自、原告に塩野輝美に対し、金……、野田之一に対し金一一九六万及び……金員を払え」。米本裁判長の声が廷内に響いた。

傍聴席で耳を澄ませていた沢井は弁護団の富島照男弁護士を見た。笑顔で五本の指をつきだした。「勝った」。弁護団との打ち合わせで「勝訴なら弁護士が五本の指を出す。一部勝訴なら……」と知らされていた。沢井はすぐさま法廷を出ると、窓から白いハンカチを振った。これが全面勝訴の合図だった。支援者たちから歓声がわき、大きな拍手が起きた。

判決は、コンビナートを形成する六社が共同して不法行為を行ったと認定し、六社の主張をことごとく退けた。この判決は、六社だけでなく産業界そのものを激しく揺さぶった。政府は七〇年の公害国会で公害規制の法体系を整備し、産業界は公害防止対策に毎年一兆円近く投資するようになった。

裁判所から出た沢井は、判決文を野呂弁護士から受け取り、吉村と二人で複写できる店に向かった。そして分厚い判決文を黙々と複写した。労働組合の幹部や支援者が気勢を上げるなか、なか、沢井ら「市民兵の会」はどこまでも縁の下の力持ちであり続けた。

　裁判所に戻ると野田が待っていた。沢井を見つけるとこう訴えた。

「疲れた。病院に連れて行ってくれんか」

　車の中で、野田が不安そうに尋ねた。

「記者会見でわしな、裁判に勝ったけど、すぐに公害がなくなるわけではないので、なくなった時にありがとうと言いますって言ったけど、それでよかったやろか」

　沢井が窓から外を見ると、この日も普段と同じようにコンビナートは煙を吐き続けている。

　沢井は、目頭が熱くなった。

「よう言ってくれた。その通りや」

　その日、原告団は被告企業の賠償金を仮押さえし、控訴しないよう迫った。二五日に中部

看護大学の学生たちにコンビナートと磯津を案内する沢井余志郎

電力を除く石原産業など五社が控訴を断念、翌日には中電も渋々従った。この月、四日市市のぜんそくの認定患者は一一人増え、八八六人になった。

郷弁護士はこう振り返る。

「石原産業はじめ被告企業側の代理人たちは、裁判を津地裁四日市支部から津地裁に移すよう圧力をかけていた。『田舎判事にこんな重要な裁判を裁く能力はない』と公然と言っていた。それにめげない米本裁判長は実にりっぱだった。何より患者の気持ちがわかる人だった。後生に残る名判決だった」

米本はこの判決の後、定年を迎え、再び一介の弁護士に戻った。石原産業の代理人であった大塚は、間もなく最高裁判事に就任した。

沢井の「記録　公害」を教科書に

石原産業はもう一つの裁判を抱えていた。大量の廃硫酸を海にたれ流したとして四日市海上保安部に港測法違反容疑で摘発され、津地方裁判所で刑事事件として争っていたのだ。

酸化チタンの市場が拡大するとみた廣一郎は六七年五月、入院先の病室に取締役たちを呼びつけ、月産一五〇〇トンの酸化チタンの増設工事を指示した。工場は翌年六月に完成し、火入れ式には廣一郎も出席した。年間七万トンの生産能力に増強された工場から出る廃硫酸も増えたが、そのほとんどは中和処理しないまま海に流していた。廣一郎は回顧録で、「能力を七万トンにアップしたことにより、公害問題の処理が、いささか不足してきたため、硫酸法による増産を計画することはできない状態にあった」と述べている。しかし、現実は「いささか」というような生やさしいものではなかった。

四日市海上保安部に田尻宗昭が警備救難課長として就任したのは六八年七月のことである。釜石海上保安部で巡視船「ふじ」の船長をしていた田尻は、四日市で密漁していた漁師を摘発するが、「もっと悪いやつがおるやないか」と言われ、コンビナートに目を向ける。

教科書は沢井にもらった「記録　公害」。コンビナート各工場が何を生産し、何を排出しているかを調べ上げた労作だった。田尻は人を介して沢井に接触を図り、「一〇部ほど用意して下さい」と頼んだ。沢井は独自のルートでコンビナート労働者に食い込み、その証言を生かして書いていたから、田尻にとって格好の教科書だった。

その後の捜査の展開は、田尻が著した『四日市・死の海と闘う』に詳しい。それによると、六九年一〇月ごろ、石原産業が毎日二〇万トンの廃硫酸をたれ流しているとの内部告発が電話であった。田尻は上司の許可を得ると内偵に着手、巡視艇で近づき、工場の排水口から排水を採取した。測るとpHは一・八、その沖合では三と強い酸性を示した――。著作は貴重な資料だが、脚色もあり、正確さにやや欠ける。

見つかった海保の記録

この捜査の顚末を記した内部文書が四日市海上保安部の倉庫に眠っていた。四日市海上保安部が東京の海上保安庁に打った電報の綴りで厚さ約一〇センチ、表紙に「サルファー4」とある。石原産業による廃硫酸たれ流し事件のことを、四日市海上保安部はこう呼んでいた。手に入れたこの資料をもとに、この事件を再現する。

当時の水質保全法は、水域ごとに国が水質規制を行うことを定め、四日市周辺の水域は六六年に指定されていた。しかし、油分や、水質汚染の指標である化学的酸素要求量（COD）の規制値は甘く、どの工場の排水も規制値を楽々とクリアしていた。最大の問題は塩酸や硫酸の排出を抑えるためのpH値が設定されていないことだった。pH規制のないのは全国でこの水域だけだった。一方、三重県の公害条例は、中小企業にpH規制を実施しており、コンビナート企業だけが枠外にあった。

田尻がこのことを所管官庁の経済企画庁に問い合わせると、こう回答があった。「四日市だけpH規制が抜けているのは、四日市が全国で初めての水質保全法の指定であり、油による異臭魚対策が主だったためである」

水質保全法では摘発できない。田尻は新進気鋭の法学者、兼子仁・東京都立大学助教授を訪ねた。兼子は、港測法違反で摘発できるとアドバイスした。港測法は船の運航の安全を確保するための法律で、二四条は「何人もみだりに港にバラスト、廃油などの廃物を捨ててはならない」と規定していた。硫酸や塩酸をたれ流し、船体や港の施設を損傷すれば、港の機能と安全な運行を妨げたことになるというわけだ。田尻はそれを使い、六九年八月にまず、塩酸を流していた日本アエロジルを摘発した（後に起訴猶予処分）。本丸は石原産業だった。排水量は一日二〇万トンに及び、一日四〇〇トンの日本アエロジルの比ではなかったからだ。

津地方検察庁から、「石原産業四日市工場の事件を受理する用意ができた」と連絡があったのは一二月八日である。検察庁は「社会的反響や他地域の影響も大きいので警察にも協力させたい」と考えたが、三重県警は「選挙で手いっぱい」と後込みし、四日市海保の単独捜査が決まった。

六九年一二月一七日、午前九時半。四日市海上保安部の一三人の捜査員が四日市工場に入った。二手に分かれ、捜索班は関係書類三〇点を押収、実況見分班は排出源、沈殿地、排水系統を確認した。この日、東京の海上保安庁への電信記録（電文）は、工場の実態をこう伝えている。

「中和作業は極めてルーズであり、沈殿地に大量のカーバイトスラッジを投入しているものの、全く撹拌が行われないため、その中を濃硫酸が素通りする様な状態。溝からあふれ、道路いっぱいに水浸しとなって濃硫酸が湯気を立てて流れており、その硫酸たまりの中を作業自動車が往来している状態は異様なものであった。わずかにアンモニア中和を行っているものの、中和能力は追いつかず、pHを一・五くらいにしか処理できない実情である。pHメーターも設置せず、中和作業日誌、中和測定記録も存在しない」

四日市海保は二日後、工場長室などから会議記録や廃酸の量を記した文書を押収し、二二日には大阪本社の捜索に踏み切った。

標的は経営トップだった。検察庁と協議し、老齢のために実務を行なっていない社長の廣一郎に代わり、実権を握っている長男の副社長、健三の逮捕もありうるとの点で合意していた。

捜査に協力した工場労働者

この捜索を行う前の一〇月初め、山田務名工場長ら幹部三人が田尻のもとを訪れていた。工場長は「工場の排水があまりよくないので早急に改善したい。（摘発された）アエロジル事件もあったので保安部の工場に対する方針をお尋ねしたい」と探りを入れた。田尻は「いま、アエロジルで手いっぱい。いま、どうするこうすると具体的に言えないが、四日市港の海水汚濁は早晩解決せねばならない」と言明を避けた。

このころ、田尻は工場内に幾人かの協力者を得て内偵を続けていた。その一人が水谷清司だった。硫酸生産課に所属し、廃硫酸の処理の実態をつぶさに見ていた。排出された大量の廃硫酸で海がまっ白に染まる。それを見て、水谷は「こんなことをやって本当に大丈夫なのか」と不安に思った。

同僚の小杉も同じ思いだった。水谷は後に栈橋に係留する船の管理もした。夜、大量の廃硫酸のカスを積んだ船が栈橋を離れる。産廃は外洋にしか投棄を許されていないのに、すぐに船が戻ってくる。船倉は空っぽだ。水谷は「港のすぐそばで不法投棄している」と確信した。

田尻は関係者を通し、水谷たちに協力を要請した。水谷は「もし会社に知れたら」と悩んだが、決意した。水谷は当時を振り返り、私にこう語る。

「当たり前のように廃硫酸をたれ流す行為が、いつまでも許されるはずはないと思っていた。しかし、労務管理は厳しく、会社に都合の悪いことを言えばどうなるかと、みんな恐れていた。わからなければ何をしても許される、と会社は思っていたのだろう。その体質が三〇年以上たってフェロシルト問題を起こしたのだと思う」

水谷や小杉のような現場の労働者に限らず、工場内には同じように心配する管理職もいた。工場次長の大西良夫は六九年七月、「公害面からみた硫酸鉄処理の緊急性」と書いた上申書を本社に出した。「経済性のみにとらわれ、逡巡することは将来さらに巨大な出費となってはね返ってくることは必定であり、四日市をとりまく地域社会の情勢は日ごとに厳しくなりつつあり、また、地域住民の理解と信頼なくしてこれからの企業発展は望み得ないものと思慮します」。しかし、本社はこれを一顧だにしなかった。

たれ流しの実態、明らかに

押収した資料から、次第に実態が明らかになってきた。中和処理といっても一日四時間しか行わず、排水口近くで工場が測ったpH記録は、二前後が続いていたことを示していた。チタン工場の増設で廃硫酸が大幅に増加した。工場はこの回収のために硫安工場の増設を本社に申請したが、重役会議は、硫安の相場の不況で採算が合わないことを理由に否決、「廃硫酸は海中投棄しろ」と指示していた。

こんな状態で強制捜査を受けた石原産業の排水対策の動きは鈍い。四日市海上保安部は年が明けた一月一〇日、こう打電した。

「（検察庁は）排水溝及び海面ｐＨ測定を続行し、積極的に改善しようとしない実情を捜査、証拠化しておき、裁判所の心証として活用するとのことである。現状で可能な方法を活用せず、いたずらに経済性にとらわれ、チタン増産はますます増強し、遵法精神の欠如のあらわれとして検察庁も強い批判を有している。支部長検事の工場視察に際しても、顧問弁護士が令状の有無をただし、作業員の取り調べにおいても弁護士等のコントロール等が明らかに伺われ、その姿勢はアエロジル社に比較して著しく非協力的である。大阪本社の捜索においても弁護士が検察官に対して『調子に乗っている』などと放言し、検察官は甚だしく心証を害している」

その石原産業の目は通産省と三重県に向いていた。毎日、取調官の名前と捜索の状況を社員各人から聞き出し、日報にまとめ、それを通産省と三重県公害課に提出していた。

同日、電文。

「（石原産業は）各被疑者、参考人の取り調べの前に一致して問答形式を要求した。あいまいな供述に終始することが、会社側の圧力と見受けられることを考慮すると、証拠隠滅の恐れもあり、また著しい捜査妨害でもあるところから、検察庁は強い態度で臨むべく方針を明らかにしている」

一月二一日、電文。

「石原産業の排水の歴史や対外関係も極めて複雑膨大で、またその姿勢が極めて悪質なため、背景を明らかにすることなしに、事案の全貌を明らかにすることは不可能。このため、捜査にかなりの日時を要し、五月ごろ（健三）副社長、監査役（西村大典前工場長）を送検の予定であり、これにより検察側は七月ごろ起訴の予定と見ている」

会社のトップの首をとろうというのである。さらに捜査の眼は、水質規制を行っている三重県庁と、工場の増設で許認可権を持つ通産省名古屋通産局に向けられる。

「検察庁は、六五年の水質審議会においてpH規制を行わなかった経緯を県側から、審議会に水質を無害と報告した経緯、水質基準の告示からチタン業種が落ちていることなどをもち、また、工場側がその際、（pH値で）虚偽の報告データを提出したこと、また六八年七月、廃酸原因となったチタン工場の増設が（通産省に）無届けで行われ、かつ排水対策が放置されたまま認可された状況や、水処理関係業者との交渉状況などが、本件の重要な鍵となっている」

そのころ、国税庁も極秘に動いていた。大阪国税局が脱税容疑で内偵していたのである。

「脱税容疑は、硫安の生産量を月五〇〇万円、年間六〇〇〇万円過小にメーキングしている、硫化鉱は自社の紀州鉱業所で生産した原料であり、硫安の原料は廃酸であるのにこれを原料計算して過大に計上している。いわゆるころがし原価、チタン月五〇〇トンの闇増産を行っている、なお、検察庁でも以前、石原産業の子会社である石原工運（現石原化工建設）の汚職（背任、贈賄）を取り調べたことがあり、当時の資料もあるのでその面からも検察庁と国税局は緊密に連絡を行うとのこと。国税局は従来から石原産業自体が関連会社から闇金の吸い上げを行ったり、工場生産高などで脱税しているのではないかという風評や情報を得ていたとのことである」

　廃硫酸のたれ流し事件は、公害だけでなく、国や県を巻き込んだ一大経済事件に発展する様相を見せ始めたのである。

　思わぬ宝を手にした検察庁は大喜びである。三月一〇日、津地方検察庁は、日本アエロジル事件と石原産業事件の捜査に関し、四日市海上保安部を表彰し、金一封を贈った。

　さらに三重県への疑惑は深まる。

　三月一九日の電文は、▼鈴鹿四日市地区の水質審議会の予備調査を県が実施したことになっていたが、調べてみると、行っていなかった▼当時四日市防波堤付近に放置した生け簀《す》の魚が石原工場の酸性水で死滅したことを示す実験結果が審議会に提出されていたのに、無視されたこと▼六四年と六五年に県公害対策室の依頼で水産試験場が四日市港のｐＨを調べたところ、石原産業の排水口でｐＨ一・八という強酸を記録していたこと、を報告していた。

これは、ｐＨ規制をさせないために、三重県が測定記録を隠したり、審議会にうその報告を行なったりし、国も県の意向を受けてｐＨを規制の対象から外し、手心を加えていたことを意味していた。捜査が自分たちに迫って慌てふためいた経済企画庁と三重県は突然、四日市の海域にｐＨ規制（五〜九）を設定、一〇月からの施行を決めた。審議会は開かれず、どさくさまぎれの行為であった。

捜査の中断

港測法二四条に違反し、ｐＨ四以下の強酸性の排水を流して船舶の航行に影響を与えたというのが、四日市海上保安部の見立てだった。しかし、秋に入ると、検察庁は具体的な被害の立証が必要だと言い始めた。田尻らは証拠集めに奔走した。

九月一一日、電文。

「本日午前一〇時ごろ、四日市港内Ｇ岸壁に停泊荷役中の平水タンカー第二二芳江丸四九八トンを立ち入り検査したところ、酸性水による被害が発生していることが判明したので明日支部長検事の立ち会いを求め実況見分を行い、また検事自ら機関長の参考人調書を作成、被害箇所の取り外し認定をうける予定である」

九月一三日、電文。

「被害の概況　昨年九月ドックの際、冷却水パイプに鉄製接続ピースを新設したところ、本年三月これが腐食、紙のようになって孔があき、漏水し始めたのでその都度鉄工所で修理あるいは接着剤で固め、ゴムを巻いて応急的に漏れ止めを実施した上新品と交換したが、これが五月七月と連続して孔があき、その都度取り換えた」

石原産業も大慌てで排水対策を始めた。国のpH規制が一〇月から実施され、守らないと工場は操業停止に追い込まれるからである。三月から三一億円の費用をかけ、排水処理施設の建設を突貫工事で進めた。石原産業はこれを「九・三〇運動」と名付け、工事の期限内の達成とともに、かかった費用を合理化運動で工面するよう全社員に号令をかけた。

四日市工場新聞は五月一二日に、「九・三〇運動に総力を結集しよう」と見出しを掲げた号外を出した。そのなかで、山田務名工場長がこう檄を飛ばしていた。「当社の創設者であらせられた石原会長が急逝され、予定より早く（健三）新社長の就任を迎えた今日、新生石原の前進目標は、一、世界的最優秀と折り紙の付けられた合成ルチルの企業化、二、日本で最初の塩素法酸化チタンの企業化という二大目標に集中されることが明確に打ち出されている。これができない場合は現在の操業を一時停止しなければならないような事態が発生する。そのタイムリミットが九・三〇なのだ。さあ、皆で頑張ろう。一日の無駄もなく公害追放モデル工場の完成と新生石原産業の輝かしい将来に向って……」

一〇月に水処理装置は無事完成し、水質は大幅に改善された。すると、津地検四日市支部が、がぜんおかしくなった。一二月に社長に就任した石原健三を取り調べた後、その動きがぴたりと止まったのである。

一二月一〇日、電文。

「支部長検事自ら取り調べした石原幹部の供述の概要は次の通りである旨連絡があった。石原健三社長について　工場排水がローペーハー（強酸）で海水を汚染していることは六三年当時から報告を受け知っていた。特に昨年九月アエロジル事件以後は逐一詳細に工場から報告を受け、廃酸の細かい数字まで知っていた……」

四日市海保から本庁への電信記録は、この日で途絶える。海上保安庁の内部ではすでに検察が矛《ほこ》を収め、この事件は起訴猶予処分で終了するとの観測が強まっていた。

爆弾質問

危機感を持った田尻は年明け、内々に社会党に資料を持ち込んだ。石橋政嗣書記長は七一年一月二九日、衆議院予算委員会で質問した。

チタンを増産するために、石原産業が無届けで行なった工場の増設が法律違反にならないよう、名古屋通産局が届出書を改ざんし、石原産業に便宜を与えていたというのだ。そのいきさつを工場の後藤速雄総務課長がメモにしていた。強制捜査でこのメモが押収され、田尻は検察庁に事件にするよう進言していたが、先送りされていた。

工場排水法は、排水を出す製造施設が完成する二カ月以上前に通産省に届け出ることを定めている。しかし、石原産業は六月に増設工事を終えながら、無届けで操業していた。八月になって、違法操業と気づいた工場から相談を受けた名古屋通産局が届け出書に六月一五日のスタンプを押して偽造したのである。現物のコピーを持って追及する石橋書記長に、宮沢喜一通産大臣は立ち往生し、調査を約束した。

石原産業はその日、山田務名工場長が記者会見し、反論した。「石橋発言には相当な誤解がある。政争の具にされたといわざるを得ない」。だが、こんなでまかせが通用するはずもなかった。国はまもなく違法と認めた。

捜査、再開

石橋の爆弾質問で、死にかけていた事件が生き返った。起訴猶予の方針はひっくり返り、津地検に突如、特捜本部が置かれ、一〇人以上の検事が投入された。

二月八日、電文。

「本日支部長検事から本件捜査について次のような地検の方針が伝えられた。石原産業事件の以後の捜査は陸上犯罪である工場排水法、公文書偽造等の関連も発生したので一括して地検に特捜本部を置き、四日市支部もこれに合併して行うこととする。本日最高検検事が捜査本部に到着し、協議指導中である。検察側では、名古屋高検次席検事指揮のもとに検事他一〇数名により本日から四日市工場の強制捜査を実施中であり、名古屋通産局にも検事が赴いた。検察側は上部の指示もあり、一両日前から本件処理に対し、極めて積極的な姿勢に転換した。二月には起訴猶予にするとの強い情報もあったものである。特に工場排水法違反については当部から以前より再三意見具申していたが、事件処理全体の方向から今回まで検察側においてはまったく捜査されていなかった」

電文は、「してやったり」という四日市海保の踊るような気持ちが出ている。

津地検は九日、西村大典、山田務名の二人と会社を工場排水規制法第四条違反、港測法第二四条違反、三重県漁業調整規則第三五条違反で起訴した。

三月八日、磯津町の住民と公害患者たちが四日市海保を訪れた。

八日、電文。

「本日一〇：〇〇。磯津漁協、磯津自治会、公害患者を守る会及び公害から子供を守る母の会などの代表が、四日市海上保安部の公害取り締まりに対する感謝決議文をもって当部を訪れた」

一年半にわたる地道な努力が結実した瞬間だった。住民は、だれが自分たちの健康と環境を守ってくれるかをよく知っていた。検察庁からの表彰状や金一封なんかより、はるかに価値のある感謝決議文だった。

三重県の偽装工作

当時、三重県の公害課長だった竹内源一が残した回想録が、私の手元にある。竹内は環境行政を振りだしに、最後は企画調整部長で退任した人で、水余りを理由に長良川河口堰建設の見直しを中央官庁に求めたことでも知られる。

だが、回想録で竹内は、事件をこう述懐している。

「（石原産業の件で）通産局の担当者も津地方検察庁に告発され、処分を受けて通産局をやめることになった。手落ちは排水の特定施設の設置届け出の日付をさかのぼって受け付けたということであった。官庁では日付をさかのぼることはよくあること、軽い気持ちでさかのぼったものと推察される。衛生部長は私に『水は通産省だが、大気の方は県ですよね。チタン製造設備の増設にからむ届け出の問題ですから、県も関係あるんじゃないの』。部長の心配は当たっていた。早速調べてみたら、県も通産局と同じ事をしていた。文書課の受付および課の受付簿の日付、届け出文書も日付印がさかのぼって押してあったのである。課長、私、係長のだれかが頼まれ、通産に歩調を合わせるという軽い気持ちで融通をきかしたのであろう。始末書をとっておけば問題なかったのである（中略）津地検は事件のほとぼりが覚めかけたころ、突如規制課の文書を押収した。下の者から事情聴取を始め、私も当時の課長もひっぱられた。記憶がないと言ったら、嘘をついているときびしく攻められたが、ひるまなかった。結局不問ということになった」

県も一緒になって違法行為に手を貸していたというのだ。

私はかつて竹内に取材したことがある。竹内は「田尻は私を呼びつけると、まるで犯人扱いして尋問を始めた。そばで聞いていた海保の次長が『田尻君。もうやめなさい』といさめてくれたのをよく覚えている」と田尻を批判した。しかし、調査結果を隠してpH規制を逃れ、無届け操業を容認していた三重県が、厳しく追及されるのは当然ではないか。

裁判で断罪

石原産業は、起訴されると、法律は順守していたとし、船舶の腐食は廃硫酸でなく、物理的、機械的なものだと容疑を否定した。

六七年六月に工場長に就任した西村も次の工場長の山田も法廷で次のように反論した。

西村「船舶から腐食があったと聞いたことがなく、排水の影響で漁獲が減少した等の苦情も聞かなかった。チタン増設は石原会長から直接工場次長に指示され、以後次長がリーダーとなって進めたもので、工場長は権限外」

山田「排水による船舶の影響はないと考えていた。いけすの魚が死んだと組合長がいっているが自分にはげしかねる。海上で赤茶色に濁るのは鉄分のため。工場の硫化鉄が雨水で排水に流れ込んでいた。六九年一〇月、三重県公害対策室の指導を受けた際、係の者は『(海上) 保安部の言っているほど、ｐＨは悪いものではない』と話していた」

八〇年三月一七日、津地裁は、二人の主張をことごとく退け、懲役三カ月、執行猶予二年、会社に罰金八万円の有罪判決を言い渡した。石原産業は控訴せず、判決に従った。

石原産業の組合三〇年史は、反省もなくこう総括する。

「一部マスコミによってこの努力を無視した報道が流されたことや、この報道により地域住民も事実を理解しようとしなかった」

「こと公害に関する限り、石労は幾多の苦難に立たされ、それに耐え抜いてきた」

石原産業の顧問弁護士として、裁判を担当した大西昭一郎はこう振り返る。

「田尻さんのやり方は強引で、集めた証拠もずさんだった。被害を受けた船の部品だと言って法廷に持ち込んだが、きちんと組み立てられなかった。ただ、石原産業はいろんなところからたたかれた記憶が、閉鎖的な体質に結びついている面もある」

四日市海保が七一年にまとめた「工場排水取り締まりの教訓」がある。執筆した田尻は、事件から得られた教訓をこう結んでいる。

「痛感されることは第一に、公害企業の積年にわたる、あくなき生産第一主義がもたらした悪質な環境破壊であった。四日市港はそのためこの一〇年間にまさに死の海となってしまったのである。法により何人も有害物質投棄を禁止されていながら、個人の何百倍という有害物質を組織ぐるみで投棄し、港と漁場を根底から破壊していた企業が何の除外理由もなく、その犯罪行為を問われなかったことが、今日の死の海をつくった要因とさえいえるのである。われわれが今までの捜査で痛感したことは、企業のメカニックや倫理が検挙という強制的な外圧によらなければ完全な公害対策を実現することができないという冷厳な現実であった。石原産業は長い歴史の中でその犯罪行為が実にいい気な背景の下に行われてきた。

水質汚濁問題全般にその前途は実にけわしく遠い。よほどの大転換が行われなければ、現在巨大な力で進行しつつあるこの深刻な汚濁を食い止めることはできない。今回の事件はまさにそのための単なる一石にすぎない。すなわち問題提起のスタートとしてこれが今後の取り締まりや、行政に直結し、その足取りがしっかりと確保されてこそ日本の海上公害解決への扉は開かれると信ずるのである」

この一二〇〇枚に及ぶ労作は、「取り扱い注意」の印を押され、いま、四日市海上保安部の倉庫に眠っている。田尻はこれを著すと、公害のない和歌山県の田辺海上保安部に左遷された。現在、海上保安庁で田尻の名前を記憶している人はほんの一握りにすぎない。

12 乗っ取り

廣一郎の死

廃硫酸のたれ流し事件は、公害企業としてのイメージを社会に植えつけることになった。田尻らが内偵に入る前月の一九六九年九月一〇日、石原産業は、創立四九周年の記念式典を本社で開いた。廣一郎はこれまでの四九年を振り返り、やや感傷じみた口調でこう結んだ。

「今後の石原産業を諸君の石原産業を立派な会社とするのは、諸君の結束と実行力なのである。力を合わせ世界の石原産業を作ってください」

遺言めいたあいさつだった。廣一郎は体調を崩し、入退院を繰り返していたが、息子の専務、健三を伴いマレーシアに赴くと、重荷になっている海外への不良投資問題にめどをつけた。さらに廃棄物の少ない塩素法の製法を導入するため、幹部を米国に派遣した。当時、酸化チタン業界の生産能力は一五万三四〇〇トンあり、うち石原産業は七万二〇〇〇トンと半分近くを占め、帝国化工（現テイカ）の二万二〇〇〇トン、古河鉱業の一万六八〇〇トンを大きく引き離していた。

一方、廣一郎は、廃水処理のために社内に特命の研究チームを作った。畔上統雄もその一人。東京大学の研究機関で金属を学んでいた畔上は、廣一郎にスカウトされて六七年に特命チームに配属された。廣一郎から「水俣病を起こしたチッソのようになっては困るからな」と言われた。畔上は排水をこと細かに調べ、そこに含まれる物質一つ一つに背番号をつけていった。異なる物質が混ざった排水の処理は大変だが、混じり合う前に回収すれば、簡単に処理できるし、再利用も可能だからだ。畔上はこれを「ネガティブ・フロー」と呼び、排水対策から生産現場の製造のあり方の変革を目指した。廃棄物になりにくい製品を目指す現在の製造業の流れを先取りしていた。

しかし、工場幹部の並ぶ会議でこの案を披露すると、工場幹部は即座に否定した。「生産に影響するじゃないか。そんなことはできない」。すでに廣一郎は病床にあり、畔上は後ろ盾を失っていた。畔上が工場を去ってしばらくして、四日市海上保安部による強制捜査が始まった。その後、独立し、研究所を立ち上げた畔上は、私にこう語る。「工場の技術者たちは製品を造ることだけに頭がいっぱいで、工場排水には無関心だった」

体調を崩して入院していた廣一郎は、一九七〇年四月一六日、静かに息を引き取った。二四日、大阪市の東本願寺難波別院で社葬がとり行われ、一六〇〇人が参列した。

田中覚三重県知事は、弔辞で廣一郎をこう称えた。

「今日、全国屈指の臨海工業地帯に成長いたした立地条件、その他を洞察されていた先生のご卓見にいまさらながら頭の下がるところでございます。限りなき前進を続ける日本の経済成長の中にあって、わが三重県はいまや先進県に近づいてございますが、ひとえに石原先生らのご協力の賜といまさらながら感銘を深くいたすのでございます」

乗っ取り

廣一郎に代わり、長男の健三が社長に就任した。健三が全幅の信頼を置くのが組合委員長の秋沢旻だった。秋沢は酸化チタン部門を統括する営業第一部長付の肩書きをもらい、七一年には取締役である営業第一部長に、その後、営業本部長として酸化チタンと農薬の両部門を統括、常務に昇進した。七六年に専務に昇格すると、事実上、会社の実権を握った。オイルショックによる不況で、会社は石原化工建設など四社の子会社を設立し、工場の社員を出向させ、希望退職を募った。七八年には紀州鉱山も閉鎖した。

オイルショック後の不況で、酸化チタンの需要が落ち込み、海外から入ってきた安い酸化チタンがそれに追い打ちをかけた。生産調整のために八一年四月から工場は操業停止に陥った。秋沢は社内新聞でこう訴えた。「いまこそ、Z旗を掲げ、先の明るさを信じ、すべて会社再建、発展をめざし、全員全力投球で自己の職務に応じ、実行あるのみと考えます。私は会社の強力果敢な方針を献策、社長への具申、強いリーダーシップを発揮して営業および人事を積極的に推進展開していきます」。Z運動とは「全職場の仕事の総点検を徹底的に行い原点に戻って、日常業務を洗い直し、不要不急の仕事を大胆に見直し、人員を削減し、米国並み以下の低コストを実現しようとするもの」（一〇月、社内新聞）だ。

危機を乗り切った八八年、秋沢は社長に就任し、健三は会長に退いた。その体制が一一年続き、秋沢は後任に溝井を選ぶと会長に退いた。そして二〇〇三年、田村の社長就任を機に最高顧問におさまった。

労組委員長だった秋沢が人事権を握ったことで、組合の幹部になることが出世の早道になった。高卒でも労組の役員を三年務めると、工場の課長は間違いないといわれる。「もともと持った能力が高いから組合の幹部にもなれる」（元取締役）という声もあるが、これでは労組は会社に対し、チェック能力が働かなくなる。同じ安定賃金闘争を経験しながら、チッソの労組が「水俣病に何事もなしえなかった」とする有名な「恥宣言」を行い、水俣病患者を支援し、会社を追及する姿勢に全面転換したのとはまったく別の道を歩んだ。

チッソはその後、第一組合と会社に協力的な第二組合に分裂し、第一組合は二〇〇六年三月、その歴史に幕を閉じた。委員長を務めたことのある山下善寛は、退職後も胎児性水俣病患者の支援を続けている。山下は言う。

「組合が分裂したのは残念だが、水俣病患者の前で知らないふりはできなかった。もし、そうしていたら一生後悔したことだろう」

石原産業を守る会

労組と別に石原産業には「石原産業を守る会」がある。公害企業として社会から指弾されていた七〇年ごろ、危機感を持った四日市工場の労務、管理部門の部課長たちを中心に結成されたといわれる。会の存在は明らかにされず、だれが会員で会を動かしているのか外部からはうかがいしれない。しかし、石原産業への忠誠の証とされ、入会すると出世の道が開ける。大卒組が中心だが、高卒でも労組の役員になると、上司から声がかかる。ある社員は、労組役員が喜々としてこう語るのを聞いたことがある。「上司から誘われたんだ。あまり気が進まないが、受けることにしたよ」

四日市海上保安部に摘発されたころ、四日市工場で労務係長をしていた大平政司も結成時から参加していたといわれる。立命館大学を卒業した大平は労務畑を歩き、四日市工場長、専務まで上り詰めた。工場長のときにフェロシルトの生産を決定した人物で、いまは石原化工建設の社長をしている。石原化工建設の応接室で大平は心を開かず、私に何を聞かれても「記憶にない」の一点張りだった。

関係者によると、フェロシルト事件が持ち上がった時、知人とゴルフをしていた大平は、まるで他人事のように笑って言ったという。「馬鹿なこととして、石原は何十億円も損しとる」

最高顧問の秋沢は毎日、兵庫県西宮市の自宅から大阪市の本社に通い、経営陣にアドバイスしたり、忙しい日々を送っていた。二〇〇七年春のある夜、秋沢の自宅を訪ねた。それまで私は何回か訪ねてはいたが、面会がかなわずにいた。この日、秋沢は玄関に私を迎え入れた。思ったより気さくで、エネルギッシュな人物に見えた。遠い昔話を語った後、創業主の廣一郎のことに触れると、強い気持ちが芽生えたのかこう言った。

「廃硫酸を港に流したことについて、廣一郎さんは、『どうしてやったんだろう』と反省しておられた。経営者としては偉かった。海外指向で農薬や酸化チタンの技術を導入し、石原産業の基礎を築いた。創業者の亡き後、僕も海外に目を向け続けた。石原は国内よりむしろ、輸出の割合が多い。これは創業者の影響が強いからだ」

私は少し意地悪な質問をした。

「創業者一族を追い出して組合が経営を乗っ取ったと見る人もいます」

「いや、そんなことないよ。健三社長を立てたし、石原家の社員はいまもいるから」

「フェロシルト問題に責任を感じていないのですか」

秋沢は私の言葉をさえぎるように言った。

「もちろんよくないことだが、田村社長ら経営陣は知らなかった。もちろん、僕もそんな報告がなかったから、知る由もなかった。でも、弁解するわけじゃないけど、クボタは兵庫県尼崎市の工場でアスベスト汚染を起こし、たくさんの人に被害を与えた。石原産業は、前の廃硫酸の時もそうだが、今回のフェロシルトでも、誰かを死なせたわけでもないし、病気にさせたわけでもない。といって、フェロシルト問題があったことを否定するつもりはない。だから、会社が潰れてしまうほど莫大な金をかけて撤去しているんだ。それがどうしてこれほど非難されないといけないのか」

そして、私の目を見つめると、こう言った。

「あなたは（四日市海上保安部の）田尻と並んで会社では有名だ。何しろ、あなたのおかげでうちは五〇〇億円も損したんだから。景気が悪ければとっくに倒産していたよ」

13―癒着が不法投棄をもたらした

石原の産廃をこっそり安く受け入れる

フェロシルト問題は、石原産業の企業責任だけでなく、三重県も責任を問われることになった。

四日市工場と、紀和町に鉱山を持つ石原産業は、農業県から工業県への脱皮を目指す県に強い影響力があった。広一郎が舞台から去り、「労働組合」が会社を支配してからは、自民党だけでなく、社会党など労働組合系の政党との絆が深まった。石原産業は、県議選になると、民主党の「新政みえ」や、四日市市を地盤とする未来塾の岩名秀樹県議らの応援に力を入れた。

財団法人・三重県環境保全事業団は環境保全にかかわる事業を手広く行なっている。津市にある本部と別に四日市市で溶融処理施設と最終処分場を運営している。四日市コンビナートで大気汚染や水質汚染が深刻化したことから、大気や水質を測定するために一九六七年に県が県内の事業者と出資して社団法人・三重県環境衛生検査センターを設立したのが始まりで、七七年にいまの財団となった。

事業団の仕事は主に産業廃棄物の処理にある。七四年に四日市市川越町に産廃の埋め立て処分場を建設したのを皮切りに、次々と埋め立て処分場を建設し、現在運営している三田処分場は七カ所目になる。わずか三〇年の間に、これほど次から次へと埋め立て処分場を造る公益法人は全国でも例がない。

その理由は、石原産業が出す産廃汚泥のアイアンクレイの処理にある。四日市コンビナートの企業が出した産廃の処理と、周辺市町村からの一般廃棄物の埋め立て処分が目的だが、実際にはこれまでの埋め立て量の半分以上をアイアンクレイが占めてきた。

事業団の理事長は代々県のＯＢで、専務理事も県の出向者が占めてきた。残りの大半は、事業団が採用したプロパー職員で、赤字に陥る数年前までは県職員よりもはるかに高い給与を得ていた。理事会のメンバーは一三人だが、県町村会の会長、三重大学の学長、県商工連合会の会長などに混じり、四日市コンビナート企業を代表して、石原産業の工場長も約三〇年間名を連ねてきた。そのことを朝日新聞で本田記者が報道すると、〇五年一〇月、安藤常務は理事を辞職した。田中芳和・専務理事は、私に「石原産業が長く理事を務めてきたのは、四日市コンビナートの中で大手ユーザーだったからだ」と悪びれることもなく言った。

石原産業は、事業団が民間処分場の三分の一程度の低料金でアイアンクレイを受け入れてくれる限り、民間の引き取り手を探す必要はない。事業団も石原産業が存続する限り産廃はなくならず、存在できる。こうした持ちつ持たれつの関係が長く続いてきた。

私は事業団の元職員からこんなことを聞いたことがあった。「県から環境測定を依頼され、基準を超えると別の日に採取し直し、基準以下の数値を報告することがよくあった」。事業団の油家正・理事長は「そんなことはありえない。公正にやっているはずだ」と否定するが、沢井余志郎はこんな体験をしたことがある。

石原産業が海岸にアイアンクレイを埋め立てているのを見つけたことがある。「環境汚染の心配はないのか」と石原産業に通報した。現場に石原産業の車が到着し、車から現れたのは社員と事業団の職員だった。その職員が言った。「汚染の心配なんかありません。大丈夫ですよ」。むっとして沢井は言った。「石原産業に尋ねたのに、なんで事業団のおまえさんがのこのこついて来て石原産業の味方をするんだ」。事業団の体質を如実に物語るエピソードである。

「事業団が石原産業と一体となっていることは地元の住民では常識で、まるで信用されていない」と沢井は語る。フェロシルト問題でも事業団は、石原産業に尋常ではない肩入れを行ない、刑事裁判でそのことを暴かれるが、これは第一六章に回す。

埋め立て急ぐ事業団の本音

石原産業四日市工場の北隣の海岸の一角がコンクリート護岸で囲まれている。そこに工場から数珠《じゅず》つなぎになってダンプカーが入ってくる。積み荷はフェロシルトだ。ダンプカーからフェロシルトを積み替えた船は、囲いの真ん中まで進むと海面に投下した。この三田最終処分場に〇六年一月からフェロシルトの搬入が始まり、一二月までに二一万トンが埋められた。

この最終処分場は事業団が運営、管理している。埋め立て面積は七・五ヘクタール、五五万立方メートルの大きさの海面埋め立て処分場である。全部で八五・六ヘクタールを護岸で囲っているが、残りは企業用地と緑地だ。護岸工事の工事費三四二億四〇〇〇万円のうち、八六億三〇〇〇万円の国の補助金が投入された。長さだけで見ると、五億五〇〇〇万円が処分場の護岸工事分になる。

〇五年八月に供用開始され、〇七年三月までに石原産業のアイアンクレイが九万五〇〇〇トン埋められた。その間に県議会や県民の反対の声を押し切って、県はフェロシルトの搬入を認めた。そして「フェロシルトを搬入している間はアイアンクレイの搬入を止める」と約束したが、事業団はその間にもひそかに二万五〇〇〇トン以上のアイアンクレイを受け入れていた。石原産業から出るアイアンクレイは年間一〇万トンは下らないから、二〇一〇年までに処分場は満杯になる計算だ。

もちろん、石原産業以外の二〇〇社の産業廃棄物も受け入れることになっているが、月約三〇〇〇トンにすぎず、この処分場はまるで石原産業の自社処分場の様相を呈している。

奇妙に思えるのは、全国のどの処分場も搬入量を制限したり、料金を値上げしたりして一日でも長く使おうと躍起なのに、三重県だけは処分場を一刻も早く埋め終えてしまおうとしていることだ。環境省の幹部が皮肉をこめて語る。

「どこでも処分場を延命しようと努力している。それなのに三重県はこの大盤振る舞い。さぞかし県内には予定地がいくらでもあるんだろう。よく住民が黙っているもんだ」

二〇〇六年に入り、石原産業との関係を洗っていくうち、私は両者の親密な関係を示す文書を手に入れた。四日市港管理組合に情報公開請求すれば面白い文書が手に入るはずだと三重県の知人から聞いたのがきっかけだった。

文書は、三田最終処分場の使い方について九八年から二〇〇〇年にかけ、四日市港管理組合が、三重県、三重県環境保全事業団、国と行った協議の議事録と添付資料で、厚さ二〇センチはある。この議事録を読むと、事業団と県、そして石原産業の関係がよくわかる。

事業団は、同じ四日市市内の内陸部に小山処分場を持っていた。九〇年に開設された処分場は、しかし、アイアンクレイを年に一〇万トン以上も受け入れてきたため、〇五年に満杯を迎えようとしていた。隣に新処分場を計画していたが手続きが遅れ、事業団は当時、四日市港管理組合が所有していた三田処分場に目をつけた。

組合は、自治体が集めた家庭ごみと中小企業の産廃を埋める目的で国の補助金を受け、九三年に護岸工事を完成させた。持ち主は組合とし、管理だけを事業団に委託するはずだった。計画では、中小企業系の産廃が四九万立方メートル、自治体の焼却灰が二二万立方メートル、自治体の水道と下水道の汚泥が二三万立方メートルなど、合わせて七四万立方メートルの廃棄物を埋める計画だった。

ところが、九四年から埋め立てを始めるはずのこの計画は大きく狂う。一つはリサイクルが進み、中小企業の産廃が大幅に減少したことだった。もう一つは自治体の焼却灰が入って来ないことだった。九七年に市町村の焼却灰の処理施設を造る方針を掲げた三重県は、翌年に焼却灰に含まれるダイオキシン対策の名目で事業団に溶融処理施設を設置させた。そして、自治体が出す焼却灰を溶融処理施設で処理すると決めてしまった。

県はこの計画を強引に進め、溶融施設は二〇〇〇年一二月から供用が開始された。そもそも焼却灰を埋めるために三田処分場が用意されており、この施設は不要だった。この選定過程を巡っては、当時、北川知事や県議ら政治家の名前を記した怪文書が県庁内に乱れ飛んでおり、実に不可解な選択だった。

三田処分場は当初、七年で埋め立てを終了する予定だったが、廃棄物が減るからかなり延命できる。他県の処分場の多くが、一五年から二〇年という長期間の操業を想定し、さらに延命化を考えているのに対し、事業団は「埋め立て期間が延びたら管理費が余計にかかる」と、逆に埋め立て期間の短縮を考えた。そして、予定外だった大企業の産廃を搬入する計画に変更しようと、組合と県に働きかけた。事業団のいう大企業産廃とは、石原産業のアイアンクレイのことだった。

しかし、大企業の産廃を入れるなら、中小企業と自治体の廃棄物を搬入することを前提にもらった補助金を国に返還せざるを得なくなる。

アイアンクレイを商品に

事業団が知恵を絞って作った案は、アイアンクレイを「埋め立て補助材」として持ち込むことだった。「商品」なら産廃にならず、補助金を返さずにすむ、というわけだ。

産廃のフェロシルトを「埋め戻し材」と呼んだ石原産業同様のインチキ行為である。

九八年七月一六日、津市の吉田山会館に関係者が集まった。

管理組合「現在の情報交換をしたい」

事業団「アイアンクレイを埋め立て補助材として受け入れられないか。埋め立て期間が短縮され、収支は大幅に改善する」

管理組合「廃棄物として問題はないのか」

事業団「小山処分場でも受け入れており、四日市港での埋め立てでも使われている。この方法しかない」

管理組合「放射性物質として問題があるやに聞いている」

事業団「炭酸カルシウムに鉄分を含んでいるだけで危険性はない。マレーシア産は心配があったが、産地が代わっているため問題はない」

県「部長に埋め立て補助材として使用する件について説明しているが、国が認めるか懸念を持っている。石原産業から（産廃の受け入れ料金に相当する）使用料を徴収することについて、石原産業にサービスを提供しているから使用料をもらっているという整理はできないか」

フェロシルト問題で、石原産業が表向き販売した形をとりながら、「開発費」の名目で裏で処理費を払っていた違法行為の「原型」がここにある。産廃のアイアンクレイを商品の埋め立て補助材とする。しかし、商品には持ち込み料がとれない。そこで、別に「サービス提供した代わりの使用料をもらえばいい」というのだ。これは廃棄物処理法に違反する明らかな脱法行為である。

実は、三重県は、同様の偽装行為をその後自ら実行していた。固形燃料（ＲＤＦ）の発電施設に持ち込むＲＤＦを巡って、県は、自治体からトン三七九〇円の処理費を取って引き受けた一般廃棄物のＲＤＦを、今度はトン二〇〇円で発電者の富士電気に商品として販売する形をとっていた。これは操業が迫った二〇〇二年になって、富士電気が廃棄物処理法上の一般廃棄物の処理施設の許可を取っていなかったことがわかったからだ。許可の手続きには半年以上もかかり、このままでは発電設備が動かせない。そこで、県は「ごみでなく商品にしてしまえば許可はいらない」と脱法行為を行なった。これを指揮した当時の企業庁長、濱田智生は、後に私の質問に「部下たちとどうしたらうまく稼働させられるか検討して決めた。違法行為という認識はなかった」と釈明した。

この県では管理職があやふやな知識をもとに、法律の抜け道を探し、後でどうなるかを考えずに実行することが多い。この違法行為は、発電施設が爆発事故を起こした後、私の情報提供で環境省が調査に入って判明した。幹部は同省に呼び出され、違法行為を認めて平謝りし、ようやく同省の許しを得た。

事業団の話に戻す。県の応援を得て、事業団はさらに増長した。

九九年二月一日。

事業団「アイアンクレイを水中のみに投入したのでは一八億円の赤字となるが、陸上にも投入すると赤字が五・五億円に減る。将来的にもアイアンクレイを陸上にも投入することにできないか」

管理組合「いまの段階では何ともいえない」

産廃の埋め立て容量の大半をアイアンクレイ、つまり「商品」で埋めてしまいたいというのだ。

こうした虫のいい話に運輸省第五港湾建設局は激怒する。補助金の詐取に当たるからである。

九九年八月三〇日。建設局で管理組合の担当者に建設局の幹部はこう言った。「当初計画した投入廃棄物が投入できず、理屈をつけて今ある廃棄物を投入すれば、責任問題、確信犯となる。役人の論理は一般市民感情として通用しない」

九月二八日。

管理組合「ランニングコストの関係で早期に投入しなければならない事情がある」

建設局「延命化して何が困るのか、そのための税金ではないか。金の問題ではない。県としての環境行政を聞きたい」

運輸省は、果たして三重県に環境行政を担う資質があるのか、と疑っていたのである。

元運輸大臣の介入

突然、横やりが入った。三重県選出の川崎二郎元運輸大臣が、この問題に介入してきたのだ。

記録によると、九九年一一月五日、川崎元大臣から川島毅・同省港湾局技術参事官に電話があった。「補助金の返還なしで大企業の産廃投入ができないのか調べてほしい」。言葉は丁寧だが、三重県の意向を尊重してやれということである。

川島参事官は、部下にこの件がどうなっているのか調べるように指示し、翌週早々にも川崎元大臣に報告することにした。

現場の官僚たちは反発した。第五港湾建設局はその日、すぐさま管理組合に抗議の電話を入れた。「事務方だけで処理しようと考えていたのに、こんなやり方をするのなら手を引く。対応が逆である」。川崎元大臣は九八年七月から九九年一〇月まで大臣の職にあり、省内に強い影響力を保持していた。

川島参事官はその後、国土交通省港湾局長を経て、財団法人・港湾建設技術サービスセンター理事長の職を得た。私は東京にあるセンターで面会し、電話の件を尋ねた。

「こんなやりとりが議事録に残っています」

「これって、公文書じゃないでしょう。勝手にまとめたもんだから」

「これ、公文書ですよ。後でごたごたが起こらないように三重県と市、組合、事業団が議事録を残すと約束し、内容についても確認しているんですよ」

困った顔つきをして、川島理事長は言った。

「元大臣から電話があったかどうか記憶がない。その日は運輸省にいなかったかもしれないし」

「組合の公文書がうそだとおっしゃるのですか。では、その日、どこにおられたか手帳を見るなりして確認していただけますか」

「いや、そうは言わない。もし、報道するなら、私は記憶にないと言っていると書いてください」

顔は青ざめていた。いまも国土交通省から仕事をもらう身だから、川崎元大臣の逆鱗に触れて、おかしなことになっては困るのだろう。

川島理事長は「記憶にない」と言うが、当時の第五港湾建設局の担当者や組合、四日市市の幹部たちはみな、このできごとを脳裏に鮮烈に焼き付けていた。ある官僚はいう。

「三重県の幹部か政治家が動き、アイアンクレイの搬入を認めさせようとしたに違いないと思った。だから、みんな怒った。大企業の産廃といっても三重県の狙いは石原産業のアイアンクレイにあることはだれもが知っていること。石原産業を利するために国の税金を投入したわけではない。当然のことを言ったまでだ」

当時管理組合でこの問題を担当した四日市市の幹部はこう解説した。

「三重県幹部が政治家を使ったのだろう。建設局と事務的に話し合ってきたのにそれを飛び越え、三重県はこんなことをするのか、と思った。事業団がアイアンクレイを処理するために存在している組織であることは、行政関係者ならみんな知っている。何が何でも事業団を残したかったんでしょう」

四日後の九日、運輸省の川島参事官室を管理組合の飯島昭美・副管理者が報告に訪れた。飯島副管理者「元大臣から私に、大企業産廃は入れられないのかとの電話がありました。大企業産廃の投入は現状では無理であると返事をしました」

川島参事官「元大臣から私に電話があり、『何とかならないのか』と言われた。『知恵が出ないので四日市港管理組合と相談する』と答えた。大企業産廃の投入はいいが、補助金の返還がある。元大臣からの話でもあり、知らないふりはできない。環境整備課にはよく相談に乗るように話をしてあるので知恵を出して相談してほしい。補助金返還ありで大企業産廃を投入することはＯＫである」

川崎元大臣は、運輸省だけでなく、組合の副管理者にも電話をかけていたのだ。飯島も運輸省からの出向者である。この件について、当の川崎元大臣と事務所に質問書を出したが、返答はなかった。

決着

アイアンクレイの投入は産廃としてなら認めるが、補助金を返還しろと言われた三者はなお、返還せずにすむ方法がないか、と思案を巡らせた。二〇〇〇年に入ると上田紘士副知事が陣頭指揮に立った。上田副知事は、部下や管理組合の幹部に「補助金返還はありえない。中小企業系の拡大解釈を持って知恵を出し、事業進捗をはかってほしい」「返還せずに済むようにもっともっと粘れ」と指示した。心強い援軍を得た事業団は大風呂敷を広げ、埋め立て補助材の搬入量を当初の二八万トンから四二万トンに増やす計画を作った。全体の産廃埋め立て量は七〇万トンだから、六割を埋め立て補助材が占めるという荒唐無稽な案である。

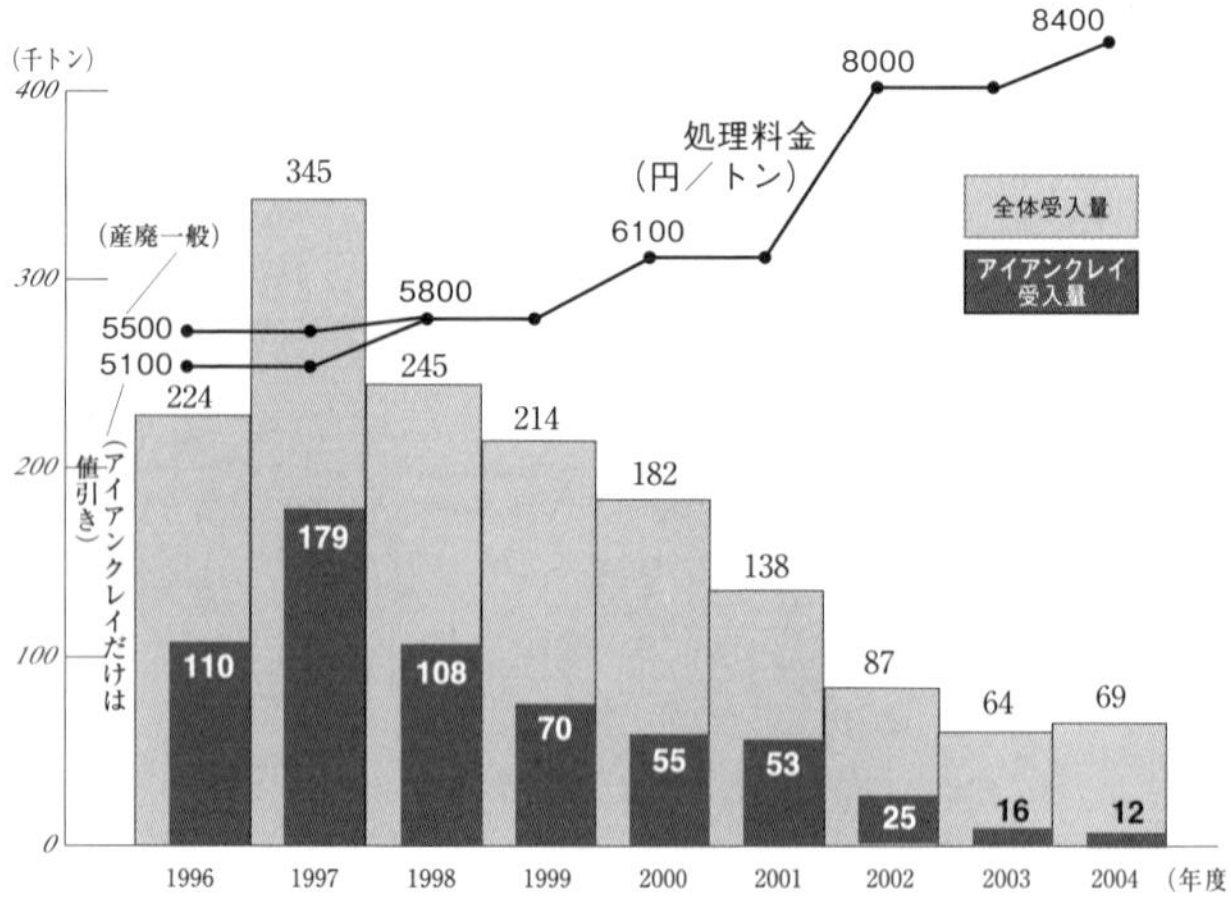

三重県環境保全事業団処分場の産廃受け入れ量

膠着状態が続き、二〇〇一年四月二七日、建設局は三者を呼んだ。「軟弱地盤だから補助材がいるというが、何も問題ないではないか。非常に虫のいい話だ」と批判し、アイアンクレイを産廃として受け入れることを認める代わり、その分に相当する補助金の返還を求めた。最後通告だった。

三者は五月一六日に集まった。組合が「補助金はあきらめよう」と誘うと、事業団も「アイアンクレイが入ればそれでいい」と呑んだ。

八月三一日、三者は運輸省を訪ねた。国は大企業産廃の搬入を認め、その分の補助金を埋め立て完了後に精算して返還することが決まった。返還額は、当初、県が想定していた金額よりも大幅に少なくてすむことになった。

国はメンツを保ち、県は実利をとった。川崎元大臣の介入が功を奏したのかどうかは不明だ。

副知事だった上田はその後、総務省に戻った。上田は出向先の内閣府の自室で、私に言った。「中小企業や自治体だけに補助金の対象を限定しなくてもいいと思った。運輸省は頭が堅いからそんなものに負けず、がんばれと言ったまでだ」

事業団の工事は石原の子会社が独占

産廃を搬入するには、三田処分場に管理棟などの施設が必要だった。事業団は管理棟や排水処理施設などの付属設備を建設したが、その工事の七割、建設費八億円のうち六億円を、石原産業の子会社の石原化工建設と関連会社の杉本組が受注していた。石原産業は独占的に処分場を利用する権利を得たばかりか、建設工事でも利益をあげていたのである。二〇〇三年六月、石原化工建設が受注した管理棟の入札では計一一社が入札に参加、落札率は九六・五%、杉本組が受注した廃水処理設備の入札では、一〇社が参加し、落札率は九五・八%だった。日本弁護士連合会は、調査をもとに落札率が九割を超えると談合の疑いが強いとしている。

私は大平政司・石原化工建設社長に会った。大平は顔を紅潮させて言った。「競争入札で落札したんだから、何の問題もないでしょう」

〇六年三月現在、事業団は約一二億円の債務超過に陥っている。大幅な債務超過に陥った事業団に、三重県は〇五年度に二〇億円無利子で貸し付け、年度末に返済させると翌年にはまた一五億円を貸し付けた。さらにこの方法に限界があることから〇六年度から〇九年度まで四年間に計二〇億円の補助金を出すことを決めた。

台所が火の車だというのに、県と事業団は、埋め立てが終了した小山処分場の隣に新しい処分場を造る計画を進めている。三田処分場の埋め立てが終了した後、石原産業のアイアンクレイを受け入れるのが目的である。

手続きを急ぐ県を、予定地のそばに住む住民の一人はこう批判する。

「これまで処分場に苦しめられてきた。三田処分場があるのに、なぜ埋め立てを急ぎ、新しい処分場が必要なのかわけがわからない」

四日市市で溶融施設に反対する米屋倍夫はこう指摘する。「どのような廃棄物処理のあり方がいいのか、じっくり検討することもなく、無定見に導入して赤字をたれ流している。民間企業ならとっくの昔に倒産だ。事業団の事業は税金の無駄づかい以外の何ものでもない」

意味のない共同研究

県の科学技術振興センターと石原産業が、フェロシルトの利用方法について、〇二年と〇三年の二年間共同研究したことがある。植物の生育を促進させる材料と、汚泥の処理剤としての利用が目的で、二八八万九〇〇〇円の研究費のうち県が三分の二を負担した。

お茶や稲の苗の育成実験は〇二年六月から〇三年三月まで行われ、報告書がまとめられた。フェロシルトを稲の苗の倍土に使った実験では、土との混ぜ具合で育苗にどの程度の効果があるかを見た。報告書は、▼フェロシルト一〇〇％なら出芽が不良で、pHを調整しないと発芽率は三％▼混合率を五〇％に落としても発芽が抑制された▼苗は、フェロシルト一〇〇％だと丈が低く、重量も軽いと指摘していた。フェロシルトは育成効果がなく、育成を阻害しかねないというのだ。当時、研究員としてこの実験を担当した神田幸英・伊賀農業研究室研究員は、こう言う。

「石原産業は、どうしてもあと一年やりたいというのでまたやることになったが、効果のないことは、はっきりしていた。そのことは彼らも認めていた」

パンジー、マキシムブルー、ロッキーイエロー、トパーズホワイトの花の四種を使った実験は、効果がないどころか、生育を大きく阻害する悲惨な結果をもたらした。ところが、石原産業は、県にリサイクル製品の認定申請を行った際に、植物の育成効果を誇示する文書を提出していた。「フェロシルトの植物育成効果について」と書かれた文書は、四キロの土にフェロシルトをゼログラム、五〇グラム、一〇〇グラム、一五〇グラム、二〇〇グラムそれぞれ混ぜ、量が多いほど植物の生育が良くなると強調していた。神田は、「石原産業が提出した書類は、どんな条件での実験なのかが何も書かれておらず、お話にならない」と切って捨てた。

共同研究の手法自体にも疑問があった。最初にやるべきはずの重金属など有害物質が溶出しないか調べていないのだ。神奈川県の研究機関の研究員は、「農作物の調査をするなら、最初に安全性を確かめるのが基本中の基本だ」と疑問視した。これに対し、科学技術振興センターの小林清人・県科学技術振興分野総括室長は「本来はやるべきだったと思う。しかし、石原産業が有害物質がないとする分析結果を提出しており、有害物質は含まれているはずがない、と信用してしまった」と話す。

一方、汚泥の凝集処理効果を調べた報告書は「効果がある」と評価していた。が、実験はすべて石原産業が行ない、報告書案を社員が書き、それをセンターの研究員が目を通し報告書としていた。「共同研究」とは名ばかりだったのである。

石原産業の嘘は最初から

石原産業と環境事業団との関係を洗う中で、私は、石原産業が水質汚濁防止法に違反していることを示す文書を手に入れた。

一九九九年三月一七日付で、四日市工場の大平政司工場長が四日市市長に提出した「フェロシルトの生産計画について」と記した文書である。「酸化チタンの生産工程から発生するアイアンクレイの減量化対策として、有価物フェロシルト（商標登録手続き中）の製造を計画する」と書かれている。九九年四月から試験製造を計画しているが、本格的な生産は八月二〇日以降開始するとしていた。

大平はその一週間前、三重県に「産業廃棄物の再資源化に関する件」と題する文書も出していた。フェロシルトの製造計画書で、山土などに比べて固く、路盤材に適し、強度があるとしていた。興味深いのは、この時点ですでに県に虚偽の説明をしている点だ。この時、すでにフェロシルトはセメント会社から搬入を断られ、行き先がなかった。それなのに販売先としてセメント原料をあげ、その他に路盤材、遮水材、地力増進材、魚礁材と並べ立てていた。ありもしない低級顔料まで掲げ、最後に中部国際空港への販売を検討中と書いていた。

ところで、商品であるフェロシルトの生産を始めるなら、水質汚濁防止法で義務づけられた製造設備の届け出を四日市市にしなければならない。工場は、産廃のアイアンクレイを作るためのフィルタープレスの設置を市に届け出ていた。しかしフェロシルトは商品だから、同じフィルタープレスを使うにしても、稼働の六〇日以上前に届け出し直し、許可を得る必要がある。

石原産業は届け出を怠っていたが、それに気づいたのか、七月一三日になって届けた。市は、水質汚濁防止法の特例を使い、六〇日以上前と定めた届け出期間を半分に短縮、工場の予定通り八月から製造ができるように便宜を図った。市環境保全課は「同じ処理施設を使うので問題がないと判断した。水濁法で、内容が相当と認める時は期間を短縮できるのでそれを準用した」と説明する。

しかし、すでにフェロシルトの生産は一月から始まっており、八月までは明らかに違法である。さらに脱塩アイアンクレイも後からフェロシルトの名前で販売しており、違法を重ねていた。水濁法第三二条には「(特定施設の)届け出をせず、または虚偽の届け出をした者は三カ月以下の懲役かまたは三〇万円以下の罰金に処す」とある。

〇五年一〇月、石原産業が産廃混入を認めると、さすがに市はまずいと認識した。四日市工場に対し、文書で経緯を説明するように求めた。工場が、九八年一月からフェロシルトを製造、販売していたことを認める文書を提出すると、市はこれでよしと、不問に付した。

生川貴司・環境保全課長は、「産廃処理施設を製造処理の施設に名称変更しただけなので汚染の心配はないと考えた。水濁法の罰則は軽く、県が廃棄物処理法違反の疑いで調べているので、そこに任せればいいいと思った」と語った。生川は市役所の中では、はっきりした物言いのできる人物として知られている。それでもこのような対応しかとれないことに、石原産業が市に持っていた影響力の強さがわかる。

14 進まぬ撤去

工場に山積み

二〇〇五年六月から「自主回収」の名の下に細々と始まったフェロシルトの撤去作業は、その年の暮れに愛知県と岐阜県が撤去命令を出したことで、大きく動き出した。その後京都府も撤去命令を出し、三重県も石原産業を指導しながら回収期限を定めた。

しかし、思うようには進まない。瀬戸市北丘町、京都府加茂町などでは、撤去期限に間に合わず、石原産業は計画書を出し直した。ところが、民間処分場の受け入れ先を確保しようとすると、思わぬ抵抗を受けた。処分業者が受け入れを認めても、自治体が待ったをかけるのである。

産業廃棄物が県内に入ることを嫌って、東北、九州などの県は県外からの産廃の流入を規制している。しかし、規制といっても、産廃の流入を拒否するわけではなく、実際には産廃の種類と量、どこに搬入するかなどを報告させ、県の担当部局が書類審査で認めている。それでも、建前上、厳しい姿勢を見せることで首都圏からの産廃を抑制する効果があり、流入量はずいぶん減っている。

二〇〇六年三月、千葉県は石原産業と協議した末、四月から三万六〇〇〇トンの搬入を認めた。同社の申請量は七万二〇〇〇トンだから半分に減らされたことになる。千葉県産業廃棄物課は「県内の処分場はまだ余裕があるといっても、長く大切に使いたい。だから大量のフェロシルトを持ち込まれるのは困る」と話す。

石原産業が一五万トンの搬入を予定していたのが大分市だった。産廃業者の了解を取り付けたが、〇六年三月末に、市は、「性状がはっきりしない」ことを理由に不許可にした。

処理は人任せ

自治体が搬入を嫌う背景には、「フェロシルトの性状」「処分場を長持ちさせたい」など表向きの理由とは別に、住民紛争を嫌う意識がある。例えば〇六年一一月、豊橋市環境課に、市内の中間処理業者から電話があった。石原産業にあるフェロシルト二〇〇〇トンを無害化処理し、関西の処分場に搬出したいと打診があった。このフェロシルトは環境基準の三〇倍を超えていた。特別管理廃棄物といわれ、コンクリートなどで固化しないと、そのままでは管理型処分場に持ち込めない。この計画を聞きつけた市民団体が反対の声をあげた。

年が明け、事業者は住民説明会を開き、安全性を強調、理解を求めた。が、不安をぬぐえない住民も多かった。三月、市は、業者と石原産業に「工場内で無害化などの処理をすべきだ」と通告。市から協力要請を受けた愛知県も、「誠意ある対応をお願いします」と石原産業に伝えた。石原産業は、中間処理を断念した。県と市の担当者は「処理業者は実績もあり何ら問題はない。しかし、市民団体や住民の声を無視するわけにはいかなかった」と口をそろえる。

石原産業のやる気の問題もある。同社は「全国各地で懸命に処分場を探している」（炭野泰男・経営企画管理本部長）というが、額面通り受け取る自治体は少ない。

例えばこんなことがあった。

二〇〇六年五月、環境省産業廃棄物課に産廃のブローカーが訪ねて来た。

「石原産業のために処分場を紹介してくれませんか」

担当者は冷ややかに応じた。

「法律で撤去命令が出されたんですよ。石原産業が自ら努力することが先決でしょう」

同社は処分場探しを複数の産廃ブローカーに任せ、彼らが産廃業者や自治体を訪ねて渡りをつけていた。九州のある自治体の担当者は「石原産業の社員がやってきたのは、ほとんど決まりそうな時になってからだった」と話す。愛知県の田口延行・廃棄物監視指導室長はこう評する。「人任せにせず自分で努力しないと見つからないと口を酸っぱくして言った。でも、『いや、会社で決めたことですから』と言い訳している。あの会社には真剣さがない」

愛知県を提訴し、すぐ取り下げ

こうした石原産業の人任せの態度は、瀬戸市幡中町のフェロシルトをめぐり、大騒動に発展する。〇六年二月、愛知県瀬戸市役所の会議室で幡中町の自治会代表と同社との定例会が開かれた。幡中町に一三万トンのフェロシルトが埋められていたが、業者が地下三〇メートルの深さにまで掘削し、その後に土と混ぜて埋めたために撤去を後回しにしていた。同社はボーリング調査でフェロシルト混じりの量を五九万トンと推定、撤去命令に基づく撤去期限の同年八月一五日までに完了するには一日一〇〇〇台のダンプカーが出入りするという計画書を披露した。

現実性のない話に元自治会長の伊藤明が、「他の案があるのですか」と尋ねると、同社幹部の隣にいた建設会社の社員が「封じ込め案があります。コンクリート壁をこうして地下に打ち込んで……」とホワイトボードに絵を描いた。

五月一五日にも会が開かれた。伊藤は出席した石原産業の安藤正義常務に「やる気があるのですか」と不信感をぶつけた。

安藤常務は「処分先が見つからないんです」と言葉少なだった。

その六日後の二一日、同社は、撤去命令の無効を求めて県を名古屋地裁に訴えた。

訴状は、撤去命令の基になった生活環境上の支障が起きていないとした上で、撤去の推定量は一〇〇万トン、多ければ二〇〇万トンにもなり、会社が倒産する可能性もあると危機感をあおり、遮水壁を立てて覆土すれば安全で安くつくと主張していた。

訴状には「（封じ込め）案は地元住民からも支持を得ていた」と書いた部分もあった。訴状を読んだ伊藤が「うそを書いてもらっては困る」と抗議、同社が削除するおまけまでついた。

伊藤は言う。

「近くには学校もありダンプカーの危険もある。住民にとってどんな選択がいいのか判断材料を得ようと議論していたのに、どうして裁判なんか起こして県とケンカするんだ。目は住民ではなく、株主にしか向いてない」

数日後、石原産業の株主総会が開かれた。厳しい意見も出たが、田村社長は責任を追及されることもなく、留任が決まった。愛知県の幹部は吐き捨てるように言った。「提訴が株主総会対策だったのが見えみえだ。裁判所をおもちゃのように扱っている」。当時、私の質問に炭野泰男・経営企画管理本部長は「とことん争うつもりはありません。私たちの気持ちはこうだと知ってほしかった。和解もありえる」と、和解の話を持ち出した。提訴してまだ数日しか経っていないのにである。

産廃問題に詳しい北村喜宣・上智大学教授（環境法）に聞くと、北村は「石原産業に勝ち目はまったくありません」と笑った。廃棄物処理法は、環境保全上の支障がなくても将来支障が起きる恐れがあれば撤去命令を出せるし、同社がお金がかかりすぎるといっても、県が代執行して後で同社に費用を求償する仕組みが法律に備わっている。石原産業が命令に従わないと命令違反罪が成立し、県が告発すれば罰せられるというのだ。

〇七年一月、石原産業は訴えを取り下げ、土混じりのフェロシルト二六万トンの撤去が四月から始まった。費用は約二〇〇億円。すべての撤去に約五〇〇億円かかる。〇七年三月時点で、四府県の撤去量は九一万トンになる。うち四五万トンは行き場がなく、工場に保管されている。撤去された五五万トンのうち、公共処分場の三田処分場が二一万トン、京都府の公共処分場が七万トン。石原産業が自力で処分したのはたった二七万トンである。

15 ― リサイクル偽装の歴史

豊島と直島

リサイクル製品と偽って廃棄物を不法投棄する「リサイクル偽装」は、石原産業に始まったわけではない。一九七〇年代の香川県の豊島事件を紐解くまでもないが、背景には、何をもって廃棄物と認定するか、判断基準がはっきりしないことがある。住民の通報で自治体の担当者が駆けつけても、業者が「これは有価物だ」と言い逃れをすれば、それ以上追及できない。味をしめた業者が不法投棄を重ね、瞬く間に産廃の山が築かれ、最後には自治体が税金で後始末をしてきた。

もちろん、国も自治体も手をこまぬいていたわけではない。法改正で罰則を強化したり、自治体の権限を強めたりしてきた。だが、現実には後手に回ってきた。

瀬戸内海に浮かぶ直島は、高松市の北一三キロに位置し、面積は八平方キロの小さな島だ。南側にはベネッセコーポレーションが作ったベネッセハウスや地中美術館があり、訪れる客も多い。北部には三菱マテリアル直島精錬所がある。一九一七年に三菱鉱業が設立されたのが始まりで、人口三六〇〇人にすぎない直島町の重要な産業だ。

精錬所の一画に香川県の処理施設がある。二〇〇三年九月から供用が開始された。約五キロ離れた豊島からフェリーで運んだ産廃を一三〇〇度の高温で溶融処理し、ダイオキシンなどの有害物は分解、溶融後にできるスラグはコンクリート用の骨材などに利用している。廃棄物の総量は約六〇万トンあり、一〇年の歳月と約五〇〇億円を投じての巨大事業だ。

私がここを訪ねたのは、石原産業がフェロシルトに産廃の混入を認める記者会見をした一〇日ほど後のことだった。遠からず不法投棄の容疑で立件されるとにらんだ私は、過去の不法投棄事件の現場と処理の実態を見たいと思った。

香川県直島環境センターの森敏樹所長が案内した。供用を開始した直後に爆発事故を起こし、しばらく停止したことがあった。「産廃といってもいろいろなものが混ざっている。水分を蒸発させるために石灰を混ぜて運び込んでいましたが、水素が発生して爆発した。三カ月間中断したが、その後は順調に処理されています」

「後の世代が高いツケを払うことになりましたね」と言うと、所長は半分同意し、半分反論した。「県が廃棄物と認定しなければいけないのに誤った。その後の指導監督を怠ったと、住民と県が結んだ調停条項にも書かれています。でも、当時は法律が整備されず指導はかなり難しかったのです」

豊島を訪ねた。豊島は小豆島のそばに浮かぶ人口一三六〇人、周囲が二〇キロの小さな島だ。撤去を求めて粘り強い運動を続けてきた「廃棄物対策豊島住民会議」の人々は、いま、語り部を引き受け、訪れた市民を案内している。その一人、元船員の長坂三治は言う。「豊島の苦しみを繰り返さないために、貴重な体験を語りつがないと」

住民会議事務局が置かれている豊島交流センターから車で約一〇分走ると、投棄現場があった。以前訪ねた時は、シュレッダーダスト、鉱滓、焼却灰などの有害産廃が地下深くに埋まり、ガス抜きのパイプ周辺は異臭が漂っていた。それがいまは、産廃は掘り返され、ショベルローダーで土と混ぜて均一化している。そばに保管施設があり、石灰を産廃に混ぜて水分を蒸発させていた。桟橋には真新しいトラックが並ぶ。産廃を積んでフェリーに乗り込むのだ。

投棄現場のすぐそばに小さな木造小屋があった。入り口に「豊島のこころ資料館」の看板がある。当時の新聞記事や写真、投棄された産廃が陳列されているが、不法投棄した豊島総合観光開発の事務所だった。この事務所で指示が出され、五〇万トンの不法投棄が実行されたのだ。

業者に脅され許可

一九九〇年に兵庫県警が豊島総合観光開発を摘発した時の裁判記録が住民会議にそっくり保存されていた。

豊島総合観光開発の社長だった松浦庄助は大阪市の高校を中退後、びょう打ち作業員を経てトラックを購入し、砂利採取業を営んでいた。たまたま祖父が豊島に土地を持っていたことから、一九六三年に松浦組を名乗り、個人経営で砂利採取を始めた。豊島にはいい土が大量にあったからである。その後、七一年に豊島総合観光開発を設立し、事業を拡大、七八年から産廃処理を始めた。「山をつぶして砂利を採取した後の平地を利用して廃棄物の処分地を造れば、一石二鳥でいい金儲けになる」（供述調書）というのが理由だった。

一九七五年、業者は香川県に産廃をコンクリート詰めにして海洋に投棄する計画を提出した。しかし、東京都で六価クロム汚染が発覚したことから、いったん同意していた地元自治会が反発した。同意書の返還を求められた上、許可の取り下げを求めた裁判まで起こされ、

豊島の海岸に近いところは、産廃の跡地にシートがかぶせられ、水処理施設が設置されていた。

松浦は窮地に陥った。そこで考え出したのが、当時ブームになっていたミミズを使った土壌改良材への利用だった。製紙汚泥、食品汚泥、家畜の糞尿をミミズのエサにし、ミミズが吐き出したものを土壌改良材として販売するというのである。七八年にこれら有害性の薄い産廃の収集、運搬と処理の許可を愛媛県から得ると事業を始めた。

ところが、八二年になるとミミズブームは去り、土壌改良材はさっぱり売れなくなった。困った松浦は、シュレッダーダストやプラスチック製のロープなどの産廃の受け入れを思いついた。有価で買い取り、金属を回収すると県に偽り、許可なしのまま処理を続けた。九〇年に兵庫県警は、愛媛県の許可を受けずに搬入、処分したとして不法投棄の容疑で摘発した。九一年七月、神戸地裁姫路支部は、同社に罰金五〇万円、松浦に懲役一〇月、執行猶予五年の判決を言い渡した。同社は、少しずつ不法投棄した産廃を撤去していたが間もなく倒産。住民たちは国の公害等調整委員会に調停を求めた。二〇〇〇年に県が謝罪する形で和解が成立、県と国の責任で五〇万トンの産廃を撤去、無害化することが決まった。

松浦は、暴行、傷害、脅迫、銃刀法違反など前科一一犯。その人物に県はどう応じたのか。県は、ミミズの土壌改良材を造るという名目でその原料となる産廃の収集、運搬と処理の許可を与えた。シュレッダーダストや廃プラスチックの収集、運搬と処理も、原料を有価で買って金属を回収するのだから産廃ではないという松浦の説明を容認した。

県を訪れた松浦は、シュレッダーダストを焼いた後の焼却灰を持ち込み、金属の回収をしたいと説明し、さっそく違法な処理を始めた。野焼きに住民の苦情が強まると、県は焼却施設を設置し処理するよう指導した。この経緯について当時、県環境自然保護課の係長（当時四九歳）は、兵庫県須磨警察署にこう供述している。

「松浦さんに対して、シュレッダーダストそのものは廃棄物でありますが、松浦さんが有償で買い受けるのであれば廃棄物に該当しないと言っているのです。松浦さんの相談に対しては余り深入りしないほうがよいとの気持ちも多分にあったことも事実です。昭和五一年の終わりか五二年の初め頃ですが、松浦さんが現在の処分地で有害廃棄物の処分の申請をしていたのですが、県がこれを受理していながら県としては地元住民の反対があったので許可をしなかったことから、松浦さんが立腹し、当時の自然保護課長のネクタイをつかんで振り回す等の暴行をしたこと、さらに傷害事件を起こしていることを聞いており、気の短い乱暴な男で機嫌を損なえば何をするかわからない人との印象が非常に強かったのです。このことから私は部下と共に松浦さんの相談に対しても強いことが言えず、どちらかと言えば松浦さんの都合のよい回答をしているのであります。私も松浦さんが処分地でシュレッダーダストを野焼きしているのを何回も現認し指導しているのです。しかしながら、松浦さんに対する印象というものがどうしても頭にあり、強い指導ができず、立ち入りといっても形式的なものになりがちであったことも事実です」

「その後、地元住民と共に公民館で会合を持ち、その場で松浦さんが行っているシュレッダーダストについては廃棄物でなく、有価物で金属を回収しているものであるとの説明をしていますが、これは私が松浦さんの説明を受けてうのみにした内容を言ったまでのことで、私がこの場で廃棄物を不法に処分しているとでも言えば私自身どうされるかと思えば絶対にそのようなことは言えず、このように説明したのです」

八四年六月、「ミミズによる産業廃棄物の土壌改良材化事業の操業と解するか」と尋ねた自治会の公開質問状に県はこう回答した。

「現状の事業活動は、県が許可したミミズによる土壌改良材化処分と、これ以外に廃品回収業が行われていると判断される。廃棄物の定義については、廃棄物処理法第二条に規定されているが、厚生省からの通知によれば、『占有者が自ら利用し、又は他人に有償で売却することができないために不要になったものをいい、これに該当するか否かは、占有者の意思、その性状等を総合的に勘案すべきものであって、排出された時点で客観的に廃棄物と観念できるものではないこと』とされている。現状ではシュレッダーかす等を原料として購入し、この中から有価金属を回収して販売する回収業が行われているため、産廃処理業の対象とならない」

部下の主任技師（当時四〇歳）は、一三年間豊島総合観光開発の指導に当たったため、捜査当局から厳しく追及された。

神戸地検姫路支部の検察官「公民館での話し合いで、住民からシュレッダーダストの野焼きは許可が必要ではないのかとの質問に対し、豊島総合観光開発は有価物からの金属回収をやっているから許可は必要ない旨の回答をしたのではないのか」

技師「はい、そのように回答しました。それは、庄助からシュレッダーダストの契約書を以前に見せられたことがあったからです。中身は豊島総合観光開発が姫路の業者からトン三〇〇円で買い、相手の業者は二〇〇〇円の運送費を豊島総合観光開発に支払うというものでした。その契約書を見て、私は豊島総合観光開発が無意味なものを買うはずがない、だからシュレッダーダストは有価物だと考えてしまったわけでした」

さらに技師は、廃棄物の判断の難しさを語る。

「運送費などを含めると形式的あるいは脱法的な売却行為であったか否かについて、十分検討することなく、有価物だと判断してしまったことが重なって適切な指導ができなかったことに原因があると思います。ただ、行政としては、民間の商取引に介入していく形で詳しい調査が可能かどうか限界もあるわけです」

シュレッダーダストは姫路市の産廃業者や鉄鋼の下請け業者などが排出したものだった。

検察官「君は、排出する事業者がシュレッダーダストを引き取ってもらうにつき、シュレッダーダストを産廃と考えていたと思うか」

松浦「産廃と考えていたと思います。運賃といっても結局、排出業者が負担し、結局、排出業者としてはシュレッダーダストを引き取ってもらうにつき、経済的にマイナスになっていたからです」

業者を恐れ、有価物と認定したために、松浦の不法投棄に拍車がかかった。裁判では、大半を占めるシュレッダーダストを、県が有価物と認定したために立件できなかった。

兵庫県警の摘発を機に結成された住民会議は、九三年に公害調停を起こし、県庁前で抗議行動を開始した。県は「安全宣言」を出してうやむやにしようとしたが、公害調停の中で専門員会が作られ、調査の結果、広範な環境汚染の実態が明らかになった。二〇〇〇年六月、産廃を直島に運び、無害化処理する内容の調停が成立した。調印式で真鍋武紀知事は「心から謝罪します」と語った。住民の依頼で弁護団長を務めた中坊公平は「県は、本当の意味における信頼関係こそがあらゆるものの原点であることについて、もう一度思い起こしていただきました」と述べた。調停の立て役者だった中坊は、後に住宅金融債権管理機構社長に就任するが、詐欺の嫌疑がかかり、弁護士の資格を返上して東京地検の摘発を逃れた。

長坂はこうした闘争の歴史を振り返り、私に言った。

「県は、住民の味方になるどころか、業者の側について不法投棄を容認した。住民側に立って動いてくれれば島も海も汚染されることもなく、ハマチの養殖をやめるようなことにはならなかった。一度汚染された環境は容易に戻らない」

「豊島事件」は、国の産廃行政の欠陥を暴き出した。兵庫県警の摘発当時、廃棄物行政を束ねていた厚生省は法改正に取り組み、排出者に処理が困難な廃棄物の回収責任を課したり、適正価格での委託処理を義務づけたりすることで不法投棄を防ごうとした。しかし、産業界の抵抗で法案に盛り込めず終わる。不眠不休で奔走した水道環境部の荻島国男・計画課長はその後、ガンで死亡した。後に環境省の廃棄物・リサイクル対策部長になる由田秀人ら当時の部下たちは、それを「戦死」と呼び、「弔い合戦」を誓った。そして、それが九五年の容器包装リサイクル法と九七年の廃棄物処理法改正に結実する。

廃棄物処理法の改正は、豊島事件の反省から産廃対策が中心だった。五〇万トンの不法投棄をした豊島総合観光開発の罰金はたった五〇万円。そこで罰金を一億円に引き上げるなどの罰則を強化し、暴力団関係者が経営陣に入っている時には許可しない、全ての産廃の処理にその流れを記録した管理票《マニフェスト》の義務づけなどの規制強化をした。この流れは、その後の改正にも引き継がれ、二〇〇〇年の改正では、不法投棄が起きた時に、排出者が廃棄物の処理に関して適正な価格で委託していなかったり、業者が適正処理しているか確認していなかったりした場合には、「注意義務違反」として排出者に原状回復の責任を問えるようにした。

岩手・青森県境事件

豊島の問題が片づきかけていた一九九〇年代末、東北の岩手・青森県境で巨大不法投棄事件が発覚した。青森県田子町で三栄化学工業が最終処分場の許可を取ったのは一九八〇年から八一年にかけてである。八〇年代末に千葉市の都市ごみを受け入れていたことが、「東北ごみ戦争」としてマスコミの話題になったこともある。その後、千葉市からの搬入をやめると、中間処理業の許可を得て、汚泥に燃えがらと樹皮を混ぜて発酵させる堆肥化施設を設置、操業を始めた。いわゆるリサイクルであるが、そんな燃えがらを混ぜた堆肥が正常に商取引されるわけがない。やがて敷地内に次々と不法投棄することになる。

さらに埼玉県の懸南衛生が、生ごみなどで作った不良品の固形燃料（ＲＤＦ）が売れずに困っているのを知ると、それを大量に受け入れ、敷地内に不法投棄した。

三栄化学工業は、県に「燃料や堆肥の原料です」と説明したが、堆肥化施設は小さく、受け入れた廃棄物は処理能力を大幅に上回っていた。

豊島と同じように、ここでも住民たちが「不法投棄ではないか」と役場に通報していた。田子町役場は青森県に連絡したが、県は業者の説明を鵜呑みにした。

摘発の発端は岩手県だった。三栄化学工業の子会社が、岩手県に特殊肥料生産業者の届け出をした。特殊肥料とは成分が一定の化学肥料に対して、一定にできない有機肥料、堆肥などを指すが、この会社は堆肥の製造を偽装するために設立されたダミー会社だった。届け出を受けた県農政部が九八年一二月に現地を調べたところ、「堆肥の原料」が野積みされていた。連絡を受けた二戸保健所が確認の上、二戸警察署に通報した。

九九年一一月に岩手・青森両県警が強制捜査に入り、翌年五月に三栄化学工業の会長、源新信重と懸南衛生の社長、依田清孝が廃棄物処理法違反（不法投棄）の容疑で逮捕された。〇一年に有罪判決が下されているが、源新は保釈中に自殺し、公訴棄却となった。両社は多額の負債を抱え、三栄化学工業は解散、懸南衛生も破産した。

敷地内の産廃は八七万立方メートル（青森県六七万立方メートル、岩手県一九万立方メートル）もあった。両県は、撤去命令を出したが、両社に能力はなく、結局、両県が撤去することになった。両県は同時に両社に処理を委託した排出者に回収責任を求めることにした。岩手県は、業者が持っていた管理票《マニフェスト》を押さえ、排出事業者を洗った。その数は約一万社にのぼった。

丸秘リスト

私の手元に「取扱注意」の印が押した排出事業者のリストがある。これを見ると、青森県と岩手県内の企業はごく少数で、東京都、埼玉県など関東地方が大半を占める。「ＫＤＤ」「ブリヂストン」「ニチレイ」「永谷園」「日本通運」「日本航空」「東京都立府中病院」「キヤノン」「ぺんてる」「虎ノ門病院」「日本医科大付属病院」「東京女子医科大付属第二病院」「東京医科大病院」「ヤマザキ製パン」「三菱商事」「三菱ガス化学」「日本郵船」「東京工業大学」「東京農工大学」「明治乳業」「味の素」……。有名企業や大病院、大学がぞろぞろ並ぶ。

このリストを元に両県は、首都圏で数回にわたって説明会を開き、撤去費用の拠出を求めた。しかし、集まった排出者の担当者は口々に不満を述べた。

「うちは適正な価格で委託した。落ち度がないのに、なぜ、責任を問われるのか」

事業者の中には応じるところもあったが、大半の業者は協力を拒否し、暗礁に乗り上げた。

洗い出し作業を行った岩手県産業廃棄物不法投棄緊急特別対策室の佐々木健司主査は、私に悔しそうに言った。「東京から出たごみは委託してしまえば後で何が起ころうと自分の知ったことじゃない、という態度だった。もちろん悪いのは不法投棄に手を染めた産廃業者だが、自分が出したごみがどこでどう処分されているか確認していたら、こうはならなかっただろう」

結局、これらの廃棄物の大半は、両県と国の税金で処理することになった。国は〇三年に「特定産業廃棄物に起因する支障の除去等に関する特別措置法」（産廃特措法）を制定、撤去費用を補助する制度ができた。一〇年間の時限立法である。岩手・青森県境事件では、〇四年から現地での無害化処理と撤去作業が行われ、完了する一三年までに計六五五億円の税金が投入される。豊島と合わせると一〇〇〇億円を超える。この事件では両県の責任も問われ、当時の職員が処分を受けた。もっと早い段階で手を打っていれば、こんなことにならなかったからだ。

二〇〇四年春、私は現地を訪ねてみた。岩手県側から車で入ったが、両県の境目の丘陵地は一面が雪原で、車は通行できず、長靴で雪を踏みしめながら進む。手前の丘に隠れて廃棄物の山は道路側から見えず、人家もない。不法投棄に絶好の場所だ。

当時は、産廃の山にシートがかぶせられていたが、その後、遮水壁と侵出水の処理施設が設置され、掘り起こした産廃を選別して、県内の処理施設への搬出が行われている。〇七年春までに計一八万二〇〇〇トンが撤去された。

田子町役場を訪ねた。担当者は当時を振り返り、不満げに言った。「当時、住民や町が通報していたのに、県が積極的に動いてくれなかった」。隣の岩手県二戸市に向かった。小原豊明市長は元環境庁のレンジャーで、国立公園課長時代に何回か取材した間柄である。その後、地元の同窓生に請われて出馬、市長になった。長く環境保全に取り組んできた小原にとっても、この事件は晴天の霹靂だった。

「恥ずかしい話だが、こんな近くで不法投棄が行われているとはまったく予想もしなかった。美しい自然を守ろうと言ってきたのに裏切られた思いだ。今後はパトロールを強め、二度と起きないようにしたい」

この事件は、風化しかかっていた豊島事件を思い出させることとなった。自治体は環境省の要請で不法投棄がないか、点検を急いだ。産廃特措法を作った環境省の飯島孝・廃棄物・リサイクル対策部長は、当時、自慢げにこう話した。

「もう、巨大不法投棄事件は起きない。法律で規制を強めたし、自治体にも問い合わせ、『もうありません』と回答をもらったから」

だが、彼を落胆させる事件が起きる。

白昼堂々、岐阜市内で

二〇〇四年三月一一日、岐阜県に配られた新聞各紙に小さな記事が載った。

「岐阜市椿洞の産業廃棄物処理会社『善商』が同社敷地内の山林に無許可で産業廃棄物を埋め立てていた疑いが強まったとして、県警生活保安課と岐阜北署は一〇日、廃棄物処理違反の疑いで会社事務所や取引先など関係先数カ所を一斉に捜索、産廃が埋め立てられているとみられる山林の現場検証を始めた……」(朝日新聞岐阜県版)。

地方版の片隅に、その後も小さな記事が何本か載り、疑問に思った私は現場に向かった。岐阜市の中心部から北東に車で二〇分ほど走ると、県道のわきに赤茶けた禿山《はげ》が見えた。高さ約五〇メートル、幅三〇〇メートルはあろうか。一見すると砕石場のようだが、山の中腹にある焼却炉が銀色に光っている。その手前にはトロンメルと呼ばれる選別機が、山の頂上には廃プラスチックが積まれている。不法投棄現場はあっけらかんとしてあった。その道路の反対側には生コン業者の採石場がある。コンクリートの壁で中が見えず、むしろこちらの方が怪しく見えるほどだ。

不法投棄現場というと、岩手・青森県境のように人里離れたところで行なわれるものと相場が決まっている。しかし、ここは違った。山を横目にして県道をたくさんの車が通り過ぎていく。近くに民家もあり、農作業をする人もいる。白昼堂々の不法投棄なのだ。

強制捜査から二週間たった夜、近くの集会所で住民説明会があった。狭い畳部屋は約一〇〇人の住民で埋まった。会場の後ろで私もあぐらをかいた。

まもなく細江重光・岐阜市長が幹部を伴って現れた。市長が謝罪の言葉を述べると、住民たちが口々になじった。「いまごろ謝ってもらっても遅い」「不法投棄なんかずっと前からわかっていた」「野焼きがひどいと何回も市に通報したのに、動こうとしなかった」「道路の向かい側の生コン業者が産廃を持ち込んでいるのではないか」

市幹部は「不法投棄を知らなかった」と弁解したが、白昼堂々ダンプカーを乗りつけ、投棄しているのを見ている住民が納得するわけがない。

説明会に合わせるように環境省の南川秀樹・廃棄物・リサイクル対策部長が現地を視察した。松谷春敏助役から説明を受けると、南川は「岐阜市はもっと早く時期から国に相談すべきだった」と市の対応を批判した。迅速な対応に見えるが、そばには地元選出の自民党の野田聖子代議士がいた。市の幹部は舌打ちして、私にこう言った。「視察というより、あれは代議士にこびたパフォーマンスだな。視察したいなら一人で来たらいいじゃないか」。当然のことながら、南川部長が帰庁してから、同省がこの問題で動くことはなかった。

一〇月一八日、岐阜県警は実質的な経営者である疋田優と社長の為重美紀を逮捕し、厳しく追及した。

市職員を脅し、不法投棄

八〇年代後半、岐阜市から木くずの焼却とコンクリート殻の破砕処理施設の設置許可を得た「善商」は、建設廃材の中間処理を始めた。当初から野焼きをしたり、こっそり産廃を埋めたりしていたが、経営が苦しくなり、九〇年代後半に疋田《ひきた》優が取り仕切るようになってから、大っぴらな不法投棄が始まった。善商は産廃を不法投棄し、その上に土をかぶせてカモフラージュし、さらに産廃を載せ、またその上に土をサンドイッチ状に積み上げていった。

市も指をくわえて見ていたわけではなく、住民の通報で立ち入り調査を繰り返してはいた。しかし、調査に入ると、疋田らは「コンクリートは保管しているだけだ。破砕して再生品にする」「埋めたのは土で違法ではない。勝手に敷地に入るな」と威嚇した。市職員は、それ以上は追及せず、口頭注意ですませた。

この対応が善商の増長を招いた。

市の行政指導は都合五五回に及んだが、有効な対策をとらないままずるずると時を重ねた。善商が虚勢を張る裏には、政治家の後ろ盾があったといわれる。善商をよく知る産廃業者に会った。彼は、「先代の社長時代から、違法行為をやっていた」と当時の状況を話してくれた。

その社長に呼ばれて椿洞の現地に行くと、パワーショベルで焼却灰とコンクリート殻をこねて埋めている最中だった。「中間処理の許可しか持ってないはずなのに」。不安な顔をする業者に、社長がこともなげに言った。

「政治家がバックにいるから大丈夫や。何でも引き受けるで」

リサイクルを装い、産廃を集めては埋める。建設リサイクル法が制定された二〇〇〇年以降、この行為にいっそう拍車がかかった。建設リサイクル法では、排出者が出した木くずやコンクリート殻は、中間処理業者が引き受けるまでは産廃のままだ。しかし、業者が受けた時点で産廃でなくなり、リサイクル製品の原料に生まれ変わる。本当にリサイクル製品なのか、どこに販売されたかを排出者や行政が確認する責任はない。排出者が振り出した管理票《マニフェスト》は中間処理業者が受けた時点で終了する。自治体が立ち入り調査で管理票《マニフェスト》を見ても、それから先の流れはわからず、不法投棄の裏付けをとることは難しい。

善商はこうした建設リサイクル法の盲点を突き、コンクリート殻を見せては「リサイクル製品にして販売する予定だ」と説明していた。しばらくたって市の職員が行くと、積み上げられていたコクリート殻は跡形もなく消えている。「どこへやったの?」と市職員が聞くと、「再生品にして販売した」と疋田らはうそをついた。木くずは建設リサイクル法で焼却が認められているため、もっと始末が悪い。小さな焼却施設で追いつかず、疋田は大量の木くずを野焼きでこなした。

不法投棄の疑いがありながら、どうしてもっと追及しなかったのか。事件が起きると必ず出る疑問だ。善商事件でも住民の不満はもっともだ。しかし、こうした業者を指導するとなると、相当の勇気と覚悟が必要にされることも事実である。善商は、大きなドーベルマンを飼っていたから、のどに食いつかれるほど近寄せられ、さらに荒くれ男たちの罵声を浴びる。怖い思いをした後に疋田が現れ、いきり立つ従業員をおさえ、「まあ、まあ」となだめる。立ち入り調査をしていた元市職員は、当時を思い起こすと深いため息をつき、私に言った。

「義務を果たさなかったとの批判は甘んじて受けます。でも、いつも身の危険を感じていた。同僚と出かける時は、処理施設の入り口で、『よーし、行くぞ!』とお互いに気合をかけてから入ったもんです」

元社長の父親は地元の農協の幹部で、元知事が自宅によく遊びに来た仲だった。市会議員など政治家とのつながりも深かった。善商は、焼却灰の大半を埋め、ほんの少しの灰を民間の埋め立て処分場に持ち込み、その実績を市に報告した。

私はその報告書を手に入れ、持ち込み先の産廃業者に電話で確認してみた。いくつかの業者は取引があったことを認めたが、ある業者は「善商なんて知らない。取引はなかった」、別の業者は「昔はあったが、いまは受け入れていない」と否定した。正規の処理を装うために善商が出したこの報告書はずさんなものだったが、市は、産廃業者の出す報告書の数が多いこともあって、確認作業を怠っていた。

市の「撤去命令」をやめさせた岐阜県

その後しばらくして、私は岐阜県内の知人から情報を得た。「別の場所でも不法投棄している。これには県も絡んでいる」

岐阜市の御望地区は椿洞から南に約二キロ離れたところにある。ここの土地は善商の元社長や親戚が所有しており、新興住宅地のすぐ裏に高さ三〇メートル、長さ一〇〇メートルの山ができていた。九〇年代に産廃を積み上げたという。

住民から話を聞いて回った。そのうちの一人がこう話してくれた。

「夜になると、ダンプカーが入って作業をしている。おかしいと思って昼間に行くと、土がかぶせられ、何を埋めたかわからない。そうこうするうちに山になった」

大雨が降れば崩れる心配があり、住民は不安な毎日を過ごしている。

取材の中で、私はある文書を手に入れた。市が善商にこの産廃の山を撤去させる命令を出そうとしながら、県と警察に止められたことを記録した市の内部文書だった。

それによると、岐阜県は一九九二年、椿洞の県の保安林に投棄した産廃を撤去するよう善商に指示した。同社は産廃を除いた残土とコンクリート殻を砕いた再生品を、御望地区に運び出すとの計画書を県に提出した。九二年一一月から御望への搬入が始まると、再生品と一緒に建設廃材や木くずなどの産廃を大量に持ち込んだ。

住民の通報で、市が立ち入り調査すると、善商は「これは残土で産廃ではない」と言い張った。しかし、市がボーリング調査をすると、コンクリート殻などの建設廃材が一割から三割、木くずも一割含まれ、市は「明白な産廃」と認定した。こうした立ち入り調査は九七年までに一六回に及び、市はそのたびに撤去を求めたが、善商は聞き入れず、なお、不法投棄を繰り返した。

九七年六月、業を煮やした市は廃棄物処理法で撤去命令をかける方針を固め、県と協議した。ところが、県の不適正処理対策室は首を横に振った。「水道の汚染など住民の生活環境に重大な支障がないとかけられない」というのである。困った市は、岐阜北警察署に掛け合ったが、ここでも同様の見解を示された。市はあきらめず、撤去命令に備えて産廃量の多い地区を特定するため現地測量に入った。ところが、北警察署がこれを制止した。八月には県から正式に「命令を出すのは不可能」との見解が出され、市は断念せざるを得なかった。

結局、市は九月、善商に自主撤去を求める文書を出し、翌年一月、善商がわずか三五〇立方メートルの廃棄物を撤去する計画書を提出して、この問題はうやむやに終わった。当時のことを知る市職員はこう明かす。「善商問題で、岐阜県は知らん顔しているが、裏ではこんなことをやっていた。県と警察がなぜ、撤去命令を止めるのか理解に苦しんだ。善商のバックにはバッチ（政治家）がついているから、さわらんほうがいいと幹部に諭《さと》されたことがあったから、県の政治的な判断があったのかもしれない」

市と県の甘い対応に味をしめた善商は、椿洞での不法投棄を本格化させた。

御望地区について善商の社主、郷義一が市会議員の西垣勲に提出した顛末書がある。持ち込み方法は県と相談して決めたと合法性を強調する内容だった。西垣は郷と姻戚関係があり、御望の不法投棄現場のそばに土地を所有していた。西垣は椿洞に市職員が立ち入り調査に入った時も、職員にことのあらましを尋ねて、プレッシャーを与えたこともあった。顛末書で郷は、県議会で問題にされたために、当時の実力者船戸行雄県会議員に相談し、県と合同の対策会議を開き、解決したと述べている。善商は船戸に政治献金を行なっているが、船戸はすでに鬼籍に入っており、船戸が県にどう働きかけたか、真相はわからないままだ。

市の撤去命令を阻止したことについて、県の不適正処理対策室は「当時市から相談を受けたが、飲み水に汚染が起きていないので生活環境に影響があるとは言えず、措置命令は無理と判断した」という。だが、この法解釈は誤りだ。九一年の法改正で、生活環境に重大な支障がなくても命令をかけられるように条件は緩和され、通知も流されていたが、県も警察もそのことを十分、理解していなかった。

ただ、撤去命令の運用については、国も当時慎重だった。当時廃棄物行政を管轄していた厚生省の水道環境部は「撤去命令を出して業者が倒産するより、行政指導で業者に後始末させたほうがいい」としていた。

たとえば、九〇年代後半に起きた敦賀市の産廃業者「キンキクリーン」の違法埋め立てがいい例だ。福井県から相談を受けた厚生省は、行政処分をせず、業者への行政指導で問題を解決するように県に指示していた。このため県の対応は遅れ、結果的に違法埋め立てを県が認める形になった。その後、業者と県が争った裁判でも「当時は県が容認していた」との業者の主張が通り、県が敗訴している。

岐阜県警の摘発後、市は、善商の敷地内でボーリング調査をして産廃を確認すると、撤去命令を出した。しかし、倒産寸前の善商にその能力はなく、市はまず、東海地方を中心とする一四五八社にのぼる排出事業者の主要な業者に自主回収を要請した。二〇〇六年末までに七万立方メートルが撤去されたが、持ち込まれた産廃は、調査の結果、当初の五七万立方メートルから七五万立方メートルに膨れており、焼け石に水の状態である。

撤去方法を検討するため、市は「市産業廃棄物不法投棄対策検討委員会」（委員長・吉田良生朝日大学教授）を設置し、〇六年春には、一部を撤去し、残りを覆土する案をまとめた。市は具体策の検討に入ったが、問題は撤去費用をどこから捻出するかである。市は当初、産廃特措法の適用を期待していた。しかし、環境省の由田秀人・廃棄物・リサイクル対策部長は冷ややかだった。「法律を作った時、不法投棄の案件がないか、自治体に尋ねた。『ありません』と言っておいて、今頃になって、『ありました』と言われても難しい。それに長年放置していた市の責任は重い」。ただ、特措法で環境省から補助金は得られないが、同省と総務省とが話し合い、市が産廃処理のために起債を起こした分の一部を地方交付税で手当することが決まった。

疋田は最高裁まで争ったが、二〇〇七年二月、懲役三年八月、罰金一〇〇〇万円の実刑が確定した。為重はすでに三年、五〇〇〇万円の実刑判決を受け、刑に服している。

〇七年三月、私は久々に椿洞の現地を訪ねた。産廃の山はそのままで、近くで老夫婦が畑仕事をしている。約三〇〇メートル東にある「ゆりかご幼稚園」を訪ねると、園児の姿がなかった。市教育委員会に尋ね、事件以降園児が減り続け、経営が難しくなり、三月から休園したことを知った

私は、〇四年春に幼稚園を訪ねて、金子麗子園長から話を聞いたことがあった。ユニークな園で、アヒルの「ガー子」を放し飼いにしたり、園児の作品をところ狭しと飾りつけたり、自然の中でのびのびとした教育を実践していた。ところが、事件が起きて、ダイオキシン汚染の噂が飛び交うと、園児の数はみるみる減り、やがて教員もやめていった。

園内を案内しながら、金子は憤った。

「何年か前に『産廃を不法投棄している』と書いた手紙を親御さんからもらい、市役所に相談に行った。職員は『調べます』と言ったが、その後なしのつぶてだった。もっと早く調べて対策をとってくれていれば、こんなことにはならなかったのに……」

金子は園を閉じると、「ガー子」を近くの市畜産センターに預かってもらった。時々、「ガー子」の顔が見たくてセンターを訪ねる。

風評被害が起きて園児がみるみる減っていくのに、市は手を差し伸べることもせず、ただ傍観していた。県や市を追及するのに熱心な市民団体も、こうしたことには無関心だった。

そして、マスメディアで禄を食《は》む私も。

不明朗な廃棄物の定義

何が廃棄物なのかはっきりしないことが、自治体が業者に強い態度に出られない大きな要因になっている。業者と向かい合うのは現場の自治体職員である。もっとわかりやすい定義がなければ、彼らは戸惑うばかりだ。

廃棄物処理法の二条は、「廃棄物とは、ごみ、粗大ごみ、燃えがら、汚泥、糞尿、廃油、廃酸、廃アルカリ、動物の死体、その他の汚物または不要物であって、固形状または液状のものをいう」とある。しかし、汚物または不要物の定義がはっきりせず、事業者から「これは不要物でなく、リサイクルの原料やリサイクル製品だ」と言われると、反論するのは難しい。仮に自治体の担当者が、リサイクル商品の売買契約書の提示を求めても、偽の契約書を作って、相手と口裏を合わせていたら、見破るのは困難だ。

廃棄物処理法が一九七〇年にできた時は、客観的な要素だけで廃棄物かそうでないかを判断することになっていた。が、七六年に持ち主の意思を重視することに転換した。努力してリサイクルしようとしたのに、「この性状のものはごみだ」と言われたら、リサイクルが進まないからだ。産業界の要請を受けての変更だが、廃棄物なのに持ち主が「これは有用物でリサイクルしている」と言い張れば、規制を逃れることにもなる。豊島事件や岩手・青森県境事件、岐阜市の善商事件は、こうした持ち主の意思次第で、廃棄物になったり、リサイクル製品になったりする解釈の矛盾を突かれた。

現在の環境省は、さまざまな要素を総合的に判断して決めるという「総合判断説」を採用している。その根拠が最高裁判決だ。豆腐を作った後のおからが、廃棄物かそうでないかが争われた。業者は、「豆腐屋からお金をもらっておからを集めているが、堆肥という有価物を作り販売しているのだから、おからは廃棄物に当たらない」と主張した。しかし、最高裁は九九年、おからの大半が産廃として処分されている一般的な状況を踏まえて、業者の主張を退け、「物の性状、排出の状況、通常の取り扱い形態、取引価値の有無および占有者の意思等を総合的に判断すべき」と判断した。

しかし、不法投棄を取り締まる自治体から見ると、総合判断説は何の役にも立たない。明確な基準がなくケース・バイ・ケースでの判断となり、持ち主の意思も判断の要素となる。誤って廃棄物と認定すれば、まじめにリサイクルに取り組む事業者を圧迫することになる。反対に廃棄物でないと認定すれば、後から不法投棄が起きた場合、行政は責任を追及される。自治体側が「もっと明確な基準を示してほしい」と要請するのも当然だった。

環境省は〇三年、中央環境審議会で廃棄物の定義のあり方を審議した。廃棄物処理法を改正せず、審議会に答申や意見具申をさせ、解釈を変更して当座をしのごうと考えたのである。しかし、それは成功せず、総合判断説を追認して終わった。

そこで同省は〇五年八月、都道府県と政令市に通知を出し、廃棄物の判断基準を細かく示した。内容は、廃棄物を有価物として法の規制を免れようとする事案が後を絶たないとし、有価物と認められない限りは廃棄物として扱うこととした。その上で、有価物の判断条件として次のような項目をあげた。

▼利用するための品質を満足し、環境基準やＪＩＳ規格などを満足し、生活環境保全上の支障が発生する恐れがない。

▼排出が需要に沿った計画的なものであり、適切な保管や品質管理がされている。

▼製品としての市場が形成され、廃棄物として処理されている事例が通常はない。

▼取引先と有償で譲渡され、客観的に見て取引に経済的合理性があり、名目を問わず処理料金に相当する金品の受領がない。

▼持ち主の意思は、廃棄物かどうかの判断に決定的な要素とはならず、廃棄物の脱法的な処理だと判断した場合には廃棄物と認定する。

そして、これらを総合的に判断すべきとした。総合判断説に頼ってはいるが、持ち主の意思をほぼ否定し、客観的な要素での判断を求めているところに特徴がある。これをフェロシルト事件に当てはめると、何一つクリアしていなかったことがわかる。石原産業は事件の発覚後も「逆有償分は運送費で、正当な商取引」（田村社長）と言ってはばからないが、通知はこれを明確に否定している。同時に不法投棄があれば撤去命令を速やかに出せと指示している。不法投棄した業者を行政指導しながら撤去を図るという旧厚生省時代の悪弊を改めたわけだ。

16 逮捕、そして

証拠隠滅で捜査難航

国道二三号を名古屋市から南に向かい、鈴鹿市に入ると、青色のソーラーパネルが貼りつけられた屋根が陽光を反射している。三階建てのモダンな建物が鈴鹿警察署だ。裏に道場棟があり、一階に段ボール箱がびっしり並べられていた。一万点近いフェロシルト関連の押収資料だ。

警察庁の指示を受け、三重、愛知、岐阜、京都の四府警による合同捜査本部が設置され、本部がこの鈴鹿署に置かれた。合同捜査本部といっても三重県警が主体で各県警からの応援は少ないが、三重県警は、巨大不法投棄事件に並々ならぬ意欲を見せていた。

三重県の告発を受けると素早く行動を起こした。告発状は石原産業と佐藤元副工場長だけであったが、家宅捜索は田村社長の自宅にも及んだ。さらに三重県を驚かせたのは、県庁と三重県環境保全事業団が家宅捜索を受けたことだった。

「何で告発した俺たちが容疑者扱いされるんだ」と県庁の幹部は驚いた。しかし、不思議でも何でもない。リサイクル製品に認定し、石原産業の不法行為を助けたのはほかならぬ県庁組織であり、認定に絡んで政治家の陰を指摘する声も少なくなかった。リサイクル製品利用推進条例は議員立法だったし、廃硫酸など有害な特別管理廃棄物（特管物）を原料にしたリサイクル製品を認定の対象から外そうと考えていた県の規則案に、「新政みえ」などの議員らが「例外を作るべきではない」と抵抗し、特管物もOKとなった経過も明らかになっていた。環境保全事業団は、事業団の設立以来、石原産業の工場長が理事を務め、石原産業にずいぶん便宜を図ってきた。

押収した資料は膨大な数にのぼったが、押収物を一つ一つ確認するにつれて捜査員は失望の色を深めた。「重要な資料は全部廃棄されたようだ。やっぱり、ろくなものがない」。一〇月から一時期増員されていたフェロシルトの取材陣は、まもなく私たち三人に戻った。そして年が明け、捜査の進展とともに、三重県警を担当する津総局の若手の星野典久記者と藤木健記者の二人が取材の軸になった。

県警は、石原ケミカルの石川達雄技術部長ら管理職に対して、警察の施設に呼び出したり、工場に出向いたりして事情聴取を重ねた。さらに宮崎俊環境保安部長や、取引先の業者へと広げていた。

私は、定期的に情報の提供源であるXと連絡を取り合っていた。情報は正確で、「昨日、工場の〇〇が呼ばれたようですよ」と耳打ちしてくれた。水面下で捜査の網がじわじわと絞り込まれるのを感じた。

警察と検察の対立

二〇〇六年の夏がすぎたある日、星野記者が困った顔をして打ち明けた。

「県警と津地方検察庁との間に、深刻な溝が生まれているんですよ。かなり延びそうだし、起訴されない可能性だってある」

不法投棄を担当する県警の生活安全部は当初から、県に「早く告発してほしい」とせっつくほど、この事件に乗り気だった。これだけの事件は佐藤元副工場長一人ではやれない、社長を頂点とする会社ぐるみの犯行ととらえ、田村藤夫社長の逮捕を視野に入れて、捜査を続けていた。

それに対し、津地方検察庁は慎重な態度を崩さなかった。廃棄物かどうかを総合的に見るのではなく、フェロシルトの有害性を幹部が認識していたかどうかだけを起訴の判断基準にした。国や県にとっては、逆有償も産廃と認定する大きな要素だ。しかし、「そんなものはだめだ」というのが公判維持と裁判の長期化を嫌う津地検の方針だった。漆原明夫検事正は用心深く、若手の検事たちも次席検事や検事正に盾突いてまで意志を貫くわけでもなかった。

佐藤や宮崎は直接、六価クロムの分析結果を知る立場にあり、販売にも立ち会っていた。それは二人の供述や他の社員の供述から裏付けられた。しかし、フェロシルトの製造、販売の総責任者として当時、工場長だった田村社長については、部下から報告を受けていたことを証明する物証がなく、津地検は「責任を問えない」と判断した。

津地検は、これに先立って固形燃料（ＲＤＦ）の爆発事故で二人が死亡した事故で、県警が業務上過失致死傷罪で県と富士電気などの担当者を送検した件についても、「爆発を予見できなかった」と不起訴にしていた。

三重県桑名市などの自治体が作った固形燃料を、県の発電所に持ち込み、焼却、発電をしていた。ところが、〇二年秋に稼働するとすぐに小爆発が置き、翌年八月に大爆発を起こし、消防士二人の生命を奪った。これが事件のあらましだが、この「夢のリサイクル」と呼ばれるごみ処理の新技術に飛びついたのが、北川正恭知事だった。新しもの好きの北川は、固形燃料の発電施設、自治体の焼却灰を集めて処理する溶融施設を手掛けたが、いずれも大失敗に終わった。フェロシルト事件で報道各社が北川にコメントを求めようとしたが、それを嫌い、北川はこそこそと逃げ回った。早稲田大学の教授に転じ、「マニフェストの父」などともてはやされる北川だが、死亡事故や巨額の赤字責任、さらにフェロシルト事件にだんまりを決め込んでいる。

逆有償について石原産業は、「運送費を負担することは商行為上よくあること」と反論し、徹底抗戦の構えを見せていたから、検察庁が即、有罪判決を取れる佐藤元副工場長に狙いを定めたように思える。しかし、現職の社長の責任を不問にすることは、「すべては独断で進めた佐藤元副工場長の責任」という石原産業の主張を半ば認めたことになってしまう。

逮捕

一一月六日、午前六時四二分。三重県鈴鹿市の佐藤驍《たけし》元副工場長（六九歳）の自宅前にワゴン車が横付けした。捜査員が呼び鈴を押して中に入る。黒のスーツ姿の佐藤が出てきた。待ちかまえる報道陣がフラッシュをたく中、うつむいたまま車にもぐり込んだ。

この日、合同捜査本部は、佐藤と、四日市工場の木下博総務部長（六二歳）、宮崎俊環境・安全・品質部長補佐（五九歳）、石原ケミカルの石川達雄技術部長（六三歳）の四人を廃棄物処理法違反（不法投棄）の疑いで逮捕した。

〇一年一二月から〇三年一月までの間に亀山市辺法寺に複数の業者に不法投棄させたとの容疑で、二七日、津地検は、佐藤と宮崎さらに法人としての石原産業を起訴した。「両罰規定」といって、廃棄物処理法は個人とともにその個人が所属する法人も同時に罰することが定められている。捜査本部は、岐阜県土岐市に不法投棄した容疑でも佐藤と宮崎を再逮捕するなど、不法投棄の範囲を広げていった。

起訴は佐藤、宮崎の二人にしぼられ、石川は「有害性の認識はあったが、製造に関与しただけで搬出に共謀していない」、木下は「有害性の認識がなかった」と判断され、いずれも起訴猶予、不起訴になった。

一連の捜査はこうして終わった。新聞は、「漆原明夫検事正は『産廃とはなにか、というところから始まった事件。多方面に大量に投棄され、化学の知識も必要だったため困難な事件だった。よくここまで持ってこれたと思う』と話した」（産経新聞）、「（すべての犯行が）元副工場長の独断とはいわないが、証拠がないと立件できない』と述べた」（朝日新聞）などと検察庁の談話を載せた。そして同時に最後まで田村社長の逮捕にこだわった捜査員たちの無念な気持ちも伝えていた。

有害性の認識があったかどうかだけで判断すれば、結局のところトカゲのしっぽ切りでこの事件は終わる。どうして堂々と法廷で産廃論争をしないのか。事件を矮小化し、事の本質をつかもうとしない検察当局に、私は強い不満を感じた。

年の暮れ。私はXと久しぶりにあった。夜七時、待ち合わせた場所にXは現れた。私たちは一言も交わさず、並んで歩くことを避けた。四日市市からはるか遠方の町とはいえ、私とXのどちらかを知っている人物と遭遇しないとは限らない。石原産業は、だれがどんな経路で私に情報を流しているのかを執拗に調べていたから、用心するに越したことはなかった。

個室に入り、Xはやっと口を開いた。

「長かったですね」

接触したのが二〇〇五年の六月だから、一年半がたっていた。

「起訴といってもこんな不十分な内容では……。私とあなたで描いた設計図通りにいかないものですね」

私が不満を述べると、Xは笑った。

「でも、あなたたちがやってくれなかったら、三重県は告発せず、警察が動くこともなかった。撤去命令も出なかったに違いない。協力したかいがありました」

私は言った。

「最後まで名前を名乗っていただけませんでしたね」

「あなただって偽名じゃないですか」

Xの家族を心配させないよう、X宅に郵便物を送る時、偽名にしていたのだ。

「石原産業の人たちは私を憎んでいると聞きました」

「いや、膿《うみ》は出さねばなりません。会社はコンプライアンス（法令順守）の重視を言いだし、社員にどんな小さなことでも報告するよう求めています。もちろん、改善された点もあれば変わらない点もある。しかし、何よりも法令を守らねばならないのは経営陣です。でも、彼らにその意識があるとはとても思えない。だって佐藤だけに責任をかぶせ、社長を筆頭にあとの経営陣や管理職は知らん顔している。こんなことってありますか」

Xは厳しい顔つきでこう語ると、またもとの穏やかな顔に戻った。

「今晩は、ゆっくりと酒を酌み交わしましょうや」

裁判

二〇〇七年三月二〇日午後一時。津市にある津地方裁判所の西玄関には九〇人を超える人々が傍聴券を求めて並んでいる。石原産業の社員や労組幹部の顔も見える。小柄な沢井余志郎の姿もあった。初公判の日だ。一時半に開廷すると、被告ら三人が裁判官と向き合った。

右側から佐藤被告、宮崎被告、そして法人を代表する田村藤夫社長が並ぶ。

検事が起訴状を朗読した。佐藤は、「間違いありません」と認めたが、宮崎は「佐藤副工場長の指示でやりました」と一部を否認した。田村社長は「産業廃棄物という認識はなかった」とこれまでの主張を述べた。主犯ともいえる佐藤は、一六〇センチほどの体を黒のスーツに包み、ずっとうつむいている。表情は乏しく、こんな老人が史上最大の不法投棄事件を演出したのかと、信じられない気持ちだ。宮崎は、佐藤に命令されるまま犯罪に手を貸したことで良心の呵責にさいなまれているのか、時々、目をうるませている。田村社長は堂々と自説を述べた。会社を守る一心なのだろう。

検察官が冒頭陳述書を朗読した。これまでにない事実がいくつか明らかにされた。その後の公判で佐藤らの尋問も踏まえ、事件の実相に踏み込みたい。

私が驚いたのは、佐藤ら工場幹部は、フェロシルトから六価クロムが溶出することを、販売し始めた〇一年八月当時から知っていたということだった。

〇一年七月、工場は、取引先である瀬戸市の山磯にフェロシルトの計量証明書を提出するため、三重県環境保全事業団に分析を依頼した。ところが、八月に送られてきた計量証明書は、環境基準を超える〇・〇七ミリグラムの六価クロムが溶出したことを示していた。

佐藤は驚いた。

「機械が修理中だから安定しないのかもしれない。落ち着いたところでもう一回調べろ」

だが、工場のその後の分析でも六価クロムが出た。

「これでは搬出できません」

宮崎が進言すると佐藤は黙っていた。宮崎は、佐藤がそのままフェロシルトを搬出しようとしているのだなと感じ、それ以上は言うのをやめた。

代わりに佐藤は宮崎に対し、事業団の出した計量証明書の数字を改ざんするよう命じた。宮崎は、六価クロムの数値欄にあった「〇・〇七」の部分を切り取り、代わりに別の証明書にあった「〇・〇四」の数値を貼り付け、コピーして山磯に渡した。京都府のゴルフ場に持ち込もうとしている業者も同様の証明書を求めていた。佐藤は「張り替えたものを作っておいてくれ」と証明書の偽造を指示、環境基準以内におさまった証明書をその業者に提出した。

こうした基準超えに頭を痛めた佐藤は八月中旬、石原ケミカルの部下にこう命じた。

「特命でフェロシルトの試験をしろ」

工場で本格的な分析が始まった。工場に野積みしてあったフェロシルトは、最高で三・五五ミリグラムもの高い数値を記録した。さらに時間がたつと濃度が高まることがわかった。

石原産業は、京都府加茂町のカントリークラブにフェロシルトを搬出し、埋め立てたが、住民が産廃ではないかと問題にした。町が分析機関に調べさせると六価クロムが出た。慌てた佐藤は、部下と埋設した業者を連れて、役場へ向かった。佐藤が釈明した。「工場から出て空気に触れたりすると六価クロムが出る」。役場の担当者が語気を強めて言った。「そんなフェロシルトはいらない。持って帰ってくれ」。業者が「まあ、まあ」と間に入った。業者は「カントリークラブにあったコンクリートを砕いた再生採石から六価クロムが出る可能性がある」とその場をとりなし、再生採石を調べることになった。

佐藤らは、再生砕石のせいにすることを決めた。客観性を装うために、三重県環境保全事業団に採取と分析を依頼することにした。ところがサンプルを採取する前日、佐藤は事業団に赴き、幹部に頼み込んだ。「チェックしたいことがあるので事業団が採取した後、サンプルを一晩だけ貸してほしい」。採取したサンプルを分析前に依頼主に貸し出すなどということは、およそ前例がない。しかし、幹部はあっさり承諾した。翌日、宮崎らは、工場の車に事業団の職員を乗せると、カントリークラブに向かった。事業団の職員が再生砕石を採取すると、それを受け取り工場に持ち帰った。そして事業団の職員にわざわざ砕石を採取させたのは、監視している町や住民に対し客観性を装うためである。

佐藤の指示で工場に戻った宮崎らは、六価クロムの混じったセメントの粉を再生採石にふりかけ、それを事業団に持ち込み、分析を頼んだ。案の定、結果は〇・二〇ミリグラムと環境基準の四倍も高かった。

会社ぐるみ

この詐欺行為を他の工場幹部も知っていた。事業団が出した計量証明書を基に加茂町で説明会を行なう直前、佐藤と宮崎、業者は、工場の事務所三階の会議室に集まった。その中に本田敬夫工場次長もいた。佐藤と宮崎が、「フェロシルトを六価クロムと無関係にし、再生採石のせいにすることにした」と説明会の段取りを打ち合わせた。翌日、佐藤らは計量証明書を持って役場で説明、町と住民の了承を得た。

多くの管理職が、こうした偽装と隠蔽と詐欺行為に、手を染めたり黙認したりしていた。しかし、体を張って止めようとする者はだれもいなかった。

法廷に立った宮崎の妻は、小声でこう証言した。夫は、不正行為に関与するようになったころから深酒を重ね、「もう会社をやめたい」と愚痴をこぼすのを何度も聞いた。深夜、帰ってこないので、心配して探し回ると、ふらふらと歩いている夫の姿を見つけた。精神はもう限界に達していた――。「根っからのサラリーマン。上から言われたことに嫌とは言えず、ため込んでしまったことが、こんな結果になったと思います。夫は私たちにとって大切な人。寛大な処分をお願いします」。そう語り終えると、妻の目から涙がこぼれ落ちた。

田村藤夫社長は、初公判に出ただけでその後の公判を欠席し、検察側の尋問には身代わりに安藤正義常務を立たせた。安藤は、工場長を経験しながら業務に関する初歩的な知識すら持ち合わせず、検事や傍聴席にいる私たちをあきれさせた。

当時、工場長だった田村藤夫、社長だった溝井正彦、会長だった秋沢旻ら経営陣に、産廃を処理しているという認識はなかったのだろうか。〇一年八月の取締役会で、八億円以上もの支出に印を押しているというのに。

佐藤は法廷でこう証言した。

「（フェロシルトを埋めた）四日市市垂坂で六価クロムが出たと苦情があった。『大事にならないうちに、今回の件は社長にも報告したほうがいい』と田村工場長に言った。宮崎さんに報告書を書いてもらい、田村工場長に提出しました。工場長は『この前の京都のカントリークラブのことも社長に報告していなかったから、もっと詳しく書いてくれ』と言われ、宮崎さんに修正版を作ってもらい提出しました。この時、副工場長だった安藤さんにも報告したと思います」

そして、こう付け加えた。

「会社ぐるみといえる犯行だと思っています。多くの発案は私がやり、中心的な働きをしたことは事実で責任を感じます。田村社長が、佐藤の単独犯だと言っているということを知りましたが、理解しがたいという心境です」

法廷の佐藤はいつも目を伏せ、手を前で組んでいた。一見、反省しているように見える。しかし、尋問されると、聞かれていないことまでしゃべり、かなりの饒舌家だった。「この男は本当に反省しているのだろうか」。私の中で疑問が膨らんだ。

例えば、こんな証言があった。

「八月の時点で（搬出を）中止して回収すべきだったと今は思います。しかし、長年にわたり、コスト削減をどんどんやってきて、ここでやめてしまうと会社に大変な打撃を与えてしまう。投げ出し、無責任なことはいけないと、（不法投棄を）続けました」

法律を守るという最低限のルールよりも会社を優先し、それを不思議とも思わない感覚をそこに見る。

法廷の佐藤を見て、私は、取締役になった〇三年に社内新聞に佐藤がこう書いていたのを思い出した。「今年に賭けるぐらいの決意で、『ゼニ』にこだわる業務の遂行をする必要があると思っております」

環境保全事業団の「罪」

この不法行為には、環境保全事業団も一枚かんでいた。京都府加茂町で、客観性を装うために第三者機関として採取したサンプルを佐藤の依頼で貸し出した行為だけでも、分析機関として失格だ。実は事業団は、フェロシルトから環境基準を上回る六価クロムが溶出することを〇一年夏の時点で知りながら、長い間隠していた。それが知れたのは、三重県警が事業団を家宅捜索し、分析データが押収されたからである。

〇五年から〇六年にかけ、私は何度か事業団を訪ね、過去にフェロシルトを分析し、六価クロムが検出されたことがなかったどうかを確かめた。田中芳和・専務理事は「担当者に確認したが、『検出されたことは一度もない』と回答を得た」と話した。ところが、実際には、担当課長の河野一之が田中に報告していなかったのである。河野は数回にわたって県警から事情聴取された。事件になる前の段階で、このことを三重県に報告していたら、県はリサイクル製品になど認定しなかっただろうし、巨大不法投棄事件に発展することもなかっただろう。だが、彼はこう言った。「何があろうと、それが県であっても、依頼者以外に数値を伝えることなんかできません」

〇七年四月に田中芳和に代わって三重県から出向した鷲崎忠晴・専務理事は、「分析結果は外部に明かしてはならない。京都府のサンプルを石原産業に貸したと言われているが、裁判で何が語られようと、当時の担当者たちはみな、『記憶にない』と口をそろえている」と、こともなげに言った。

四日市市の玄関である近鉄四日市駅のすぐ近く。飲食店の集まるビルの二階に会員制クラブがある。座るだけで二万円はするといわれる。事業団の関係者によると、石原産業がフェロシルトの生産に血道をあげていたころ、そこに事業団の課長職のプロパー職員たちが出入りしていた。仲間内で飲んだり、政治家を接待したり、多い時には週三回にも及んだという。一介の公務員にすぎない彼らは、一体その金をどこから工面したのだろうか。指摘された一人、黒木清篤・溶融施設課長は、「そんなところ、年に一回ぐらいしか行ったことがない」と否定した。

共産党の県会議員として、県、政治家と石原産業との癒着を追及し続け、フェロシルト問題でも真相究明に取り組んできた萩原量吉は言う。

「県と事業団、石原産業、そして政治家。この四者の癒着が三重県を腐らせている。フェロシルト問題が裁判で決着してもこの関係はなくならない」

判決

六月二五日、津地裁で判決があった。山本哲一裁判長は、佐藤驍《たけし》に懲役二年の実刑、宮崎俊に一年四月、執行猶予五年、石原産業に罰金五〇〇〇万円の判決を言い渡した。

判決は、佐藤を「各犯行の中核を担った」とし、石原産業を、「会社の社会的責任を忘れ、従業員に法令遵守を徹底する責務を放棄し、佐藤被告らに犯行の責任を負担させながら、被告会社の経済的利益を追求した」と批判した。

ショックを受けた佐藤は、判決の言い渡し中に顔と手を激しく震わせた。二〇分間退廷し、看護師をつけて再開する異例の裁判となった。田村は検察側に視線を向け、落ち着いて判決を聞いた。その後、県庁で開いた記者会見では、「判決を厳粛に受けとめさせていただきます」と言うだけで、企業責任を認めなかった。控訴を断念した翌日の二八日、株主総会が開かれ、田村社長が相談役に退き、代わりに織田健造の社長就任が決まった。最高顧問の秋沢と特別顧問の溝井はともに顧問を辞任した。

四日市工場に持ち込まれ、保管されているフェロシルトは、二〇〇七年の夏時点でなお四五万トン。土壌汚染のないように袋に詰めて保管しているが、空気に触れて六価クロムの濃度は上昇しており、将来、かなり危険な状況が予想される。愛知県瀬戸市では二六万トン埋めた幡中町での撤去作業が二〇一三年まで続く。

エピローグ

国がガイドライン作り

石原産業は巨大不法投棄事件を起こし、社会から指弾された。その過程では、測定データの改ざん、隠蔽、隠滅といった不正行為が同時に行なわれてきた。

最初おそるおそる手を染めた管理職たちは、次第にその感覚を麻痺させていった。こうした行為は石原産業に限ったことではない。フェロシルト事件の教訓は、廃棄物問題だけでなく、社会的責任（CSR）や法令順守（コンプライアンス）の精神とそれを守る仕組みを企業の中にどう作り上げ、定着させるかという点にもある。

二〇〇六年一〇月五日、霞が関の経済産業省の会議室で、「環境管理における公害防止体制の整備のあり方に関する検討会」（座長・石谷久慶応大教授）が開かれた。ここ数年来、大企業で大気や水質の測定データを改ざんしたり、怠ったりしていた事実が次々と明るみに出た。これを監督する環境省と経済産業省が一緒に検討会を作り、なぜ、改ざんが起きるのかを検証するとともに、防止するためのガイドラインを作る作業を始めた。

石原産業の不法投棄事件は、CSRやコンプライアンスから見れば、他の企業にとっても無関心でいられない。なぜ不祥事が起きるのかを考えるため、私はこの検討会に足を運んだ。〇六年六月の発足以来四回目の会議になるこの日、論点整理ペーパーが配布された。そこには、公害のひどかった一九七〇年代に比べて「企業の経営者から従業員まで公害防止の重要性に対する認識が相対的に低下している」と記述されていた。

産業界側の関沢秀哲委員（新日本製鉄常務）が反論した。「認識が低下したというが、認識は一生懸命している。法的な社会の要請の変化のスピードについていけないことが現実にある」。すかさず環境認証のＩＳＯ業界を代表する井口新一委員（財団法人・日本適合性認定協会常務理事）が関沢を持ち上げて言った。「企業のみなさんは決して公害の認識が下がっているという感じはしていない」。大企業とそれを監視するはずのＩＳＯ業界は、まるで運命共同体だ。

さすがに、経済産業省の小島康壽・産業技術環境局長は、「最近起きている事象は、スピードの問題とか対応が大変になってきたという問題よりも、公害問題に対する意識の問題が非常に大きいのではないか」と苦言を呈した。

このガイドラインつくりの根拠になっているのが、経済産業省と環境省が共同で管轄する公害防止組織整備法（一九七〇年制定）である。この法律は大気汚染物質や工場排水を排出する一定規模以上の事業者に対し、公害防止管理者を置いて公害防止の体制を整え、管理を行なうことを義務づけている。ガイドラインは〇七年二月にまとまり、自治体や企業に示された。コンプライアンスの重要性を明記し、現場で違法が行なわれないようにどのようなチェック体制をとったらよいのかから、自治体は定期的に立ち入り調査に入るだけでなく、企業が公害防止の体制にどのように取り組んでいるか、チェック体制に不備はないかを日ごろから企業とかかわりながら、指導助言することにも言及していた。

ガイドラインをまとめた環境省の竹本和彦・水・大気環境局長は、私にこう言う。

「今回は、法改正ではなく企業の自主性を尊重した。これまで自治体は工場の排水や排煙を測定し、基準が守られているかを見るだけだったが、時代が変わった。これからは、企業の環境管理の体制や運営に指導や助言をすることが必要になる。でも検討会での発言を聞く限り、企業は自治体の介入を嫌っている。何でも自主的な取り組みでやるんだと。でも、それだけでうまくいくものだろうか」

このガイドライン作りを環境省に持ちかけたのは経済産業省だった。へたに環境省によって法律を改正されて、規制強化につながっては困ると考え、先手を打ったのかもしれない。

きっかけは海保の調査

水質汚濁防止法に定められた排水基準を上回るシアンと高アルカリの排水が東京湾に流されているのを千葉海上保安部が見つけたのは、〇四年一二月のことだった。指摘を受け、ＪＦＥスチール東日本製鉄所千葉地区は独自に調査をし、翌年二月、一〇年以上にわたって排水基準を超えるシアンを流していたこと、測定データを排水基準や千葉市、県と結んだ公害防止協定の協定値以内に改ざんして提出していたことを公表した。

千葉市は、すぐに調査に入った。「住民への裏切り行為。こんな大きな企業がと信じられない思いだった」と、当時、市環境保全部長だった早水輝好・環境省環境影響評価室長は振り返る。

同社の調査に対し、改ざんをした環境防災室主任部員（当時四〇歳）は「基準を超えると工場の操業に支障を与えると思った。書き換えは前任者からの申し送りだった」と証言したが、前任者は「記憶にない」と反論、上司らも「担当者任せにしていた」と関与を否定した。実態は十分に解明されずに終わった。

千葉県は東京湾沿岸に張り付く京葉工業地帯の五四社六二工場と一九六八年から公害防止協定を結び、大気汚染防止法や水質汚濁防止法の排出基準値よりも厳しい協定値を設定、順守を求めている。〇五年二月七日、県は六二工場の担当者を集めて緊急会議を開き、総点検と報告を求めた。締め切り直前の同月二一日、市原市にある昭和電工千葉事業所から「うちでも書き換えがあった」と報告があった。驚いた県は地元の市と共同で五七工場に立ち入り調査を始めた。この中でさらに不二サッシ千葉工場（市原市）と王子コンスターチ千葉工場（同）でも同様の違反と改ざんがあることが判明した。

翌〇六年、経済産業省原子力安全・保安院による立ち入り調査をきっかけに、不祥事はさらに広がりを見せた。三月に出光興産愛知製油所（愛知県知多市）が大気汚染防止法や協定に基づく基準値を超過して煤塵《ばいじん》を排出、データを改ざんして県と市に報告していたことがわかった。五月には神戸製鋼所加古川製鉄所（兵庫県加古川市）で窒素酸化物などの排出基準を超過、記録を基準値内に書き換えていたことがわかった。同製鉄所では二九年前から改ざんを続けていた。同社の神戸製鉄所（神戸市）でも九二年から改ざんし、自動測定器が基準超過を測定してもコンピュータに自動的に基準値以内に改ざんするプログラムが組み込まれていた。

県は特別チームを作って立ち入り調査を始めた。数日後、記録紙の束を見ていた職員が気づいた。記録は感熱紙のロールを使っている。感熱紙は紙切れが迫ると両端が赤くなる。ところが、職員が記録紙の継ぎ目を見ると赤い部分はなく、すぐに新しい感熱紙に切り替わっていた。「赤い感熱紙に記録された部分はどこにやりましたか」。職員が社員に問いただすと、あっさり改ざんを認めた。「基準をオーバーしたのでその部分を切り取りました」

また基準を超えたときには、自動測定器のペンを浮かせて記録できないようにし、後から記録紙に手書きで基準以下にした線を書き込んだり、細工を施していたこともわかった。立ち入り調査班のキャップを務めた職員は振り返ってこう言った。

「毎晩、一〇時すぎまで膨大な記録の点検が続いた。巨大企業がこんなことをやるのかと、信じられないようなことが、次々と出てきた」

企業の環境意識の低下

指摘を受けた企業はいずれも調査委員会を設置し、究明と改善に乗り出した。改ざんの理由について「担当者が基準が超えて操業を止めてはまずいと判断した」(神戸製鋼所)、「対象施設が三二あり、基準を超えた時の再測定を負担と感じた」(出光石油)などの証言が得られた。各社は全社員への環境教育はもとより、データを複数でチェックしたり環境管理部門に操業を停止する権限を与えたりする改善策を取った。

それにしてもこれらの企業はいずれも環境報告書を作成して、二酸化炭素の削減やリサイクルの推進などを競う「環境優良企業ばかり」（環境省）だ。それがなぜ、環境不祥事を起こすのだろうか。

そこには、検討会でも指摘されたように「公害は終わった」と企業の関心が薄れていること、厳しい競争にさらされ、コスト削減を積極的に進めてきたことへの反動が影響していた。

利益を生まない環境管理部門と労働災害部門は特に目を付けられ、多くが合併し人減らしが進んだ。加古川製鉄所の大気の担当も、ＪＦＥ千葉地区の水質の担当もいずれも一人で、日常業務をこなすのは不可能だった。さらに公害防止の投資額も削られ、老朽化が進行した。全国の資本金一億円以上で有害物質を排出する大企業による公害防止の投資額は、七五年度の九六四五億円を頂点に二〇〇五年度は一一一〇億円と過去最低を記録した。

今回、企業側は、ＪＦＥが二〇〇億円、神戸製鋼所が二七〇億円かけて公害防止に取り組むなど信頼回復に躍起だ。しかし、これは必要な投資を怠ってきたことの裏返しでもある。ＪＦＥ千葉地区の山村康総務部長は「住民の信頼を取り戻すため、油一滴こぼしても工場長に連絡するようにした。事件以来、基準を守るために操業を二回止めた」と話す。

企業は周辺住民に頭を下げ続けた。〇六年六月、千葉市にあるＪＦＥスチール東日本製鉄所千葉地区の会議室。同社の幹部らが市民や市議会議員ら約三〇人を前にお詫びのことばを述べた。

市民らの質問に工場側が答える形で説明会は進行した。

「海洋汚染は一般の不法投棄と違い原状回復ができない悪質な行為。経営陣は責任をとらないのか」

「社内処分として当時の関係役員の報酬減額を行ないました」

厳しい意見に幹部らは釈明に追われた。

一連の不祥事で、説明を聞いた住民らが疑問視するのは、現場の職員の独断でできるものなのかという点だった。上司や幹部が自ら手を汚したか、しなくても黙認していたのではないか、と疑っていた。同様の疑問を持った私は、JFE、神戸製鋼所、昭和電工、出光興産に質問をぶつけた。しかし、「私たちの調査に対し、当事者たちは、『独断でやりました』、『基準を超えると自分たちの仕事が増えると思った』、と回答しています」(神戸製鋼所、出光興産)、「当事者は(改ざんについて)『前任者からの引継ぎがあった』と話していますが、前任者はそれを否定していてわからない。法的な権限もない社内調査には限界があります」(JFE)と、はっきりしない。

だが、現場では次のような声が上がっている。

「作業の改善を現場で考え、提案して採用されることは多い。しかし、管理職がそれを知

らず、現場の担当者が独断で行なうことは工場の組織体制からいってありえない」（神戸製鋼所OB）

「こうした話は労働者に伝わってこない。でも、幹部の指示があったに違いないと、仲間内で話し合っている」（JFE労働者）

これらの企業は組織の見直しに着手し、法令遵守の徹底のために勉強会を開いたり、内部告発した社員が不利益を被らないために、社外の弁護士などを交えた通報ルートを整備したりした。また、コンプライアンスだけにとどまらず、CSRの整備にも取り組んでいる。

石原産業も〇五年一〇月に、コンプライアンスの仕組みが欠けていたとして、体制作りを始めた。コンプライアンス委員会を作り、一〇項目からなる行動規範を定めた。

「国際社会の一員としての自覚を持ち、正義の法則のもとに公正を尊び、内外の法令・ルール、社会規範及び所属会社の社内規程を正しく理解し厳格に遵守する」

「高い企業倫理と社会倫理を保ち、社会人としての良識と責任をもって行動する」

「創業以来の栄光ある文化と伝統を創造的に継承・発展させ、次代に伝承するため、全構成員がその能力を充分発揮できるようお互いに相手を尊重すると共に、自由に意見を交え、開かれた明るい職場環境を作る」

「セクシャルハラスメントなど公序良俗に反する行為をしない」

「所属会社と競合する事業活動に関わったり、会社の利益を犠牲にして自分や第三者の利益を図るような行為は行なわない」

「職務上の地位や権限を利用して、自分の知人や近親者などに不当な利益を与えたり、その目的で部下や取引先などに圧力をかけたりしない」

「会社の情報（特に秘密情報及び個人情報）は厳重に管理し、これを第三者に漏洩せず、また会社の業務以外の目的のために使用しない」

ことなどが定められている。

社外弁護士などを通じての通報制度も備えられ、内部監査も充実したという。〇六年春、全社員がこれらの行動規範を守るとの誓約書にサインした。不法投棄事件を反省し、見直した結果だという。もちろん、評価すべきことではあるが、仕組みは整っても、魂がどこまで入るかである。不法投棄事件の実態がいまなお隠されているというのに、新しいコンプライアンス制度が機能するものだろうか。

自治体の監視能力の低下

自治体は一定規模以上の工場の排水や排煙を測定し、基準が守られているかを調べている。

しかし対象企業が多く、毎年調査に入れるわけではない。立ち入りの際に工場の測定記録を見ても生データと照合することはない。「膨大な時間と人がかかり捜査権もない。不正を見つけるのは不可能に近い」（兵庫県、千葉県）というわけだ。

公害が社会をにぎわせた一九六〇～七〇年代、自治体は条例を制定したり大企業と公害防止協定を結んだりして企業への規制を強め、頻繁に立ち入り調査を行なった。しかし、公害問題が一段落し、地球温暖化や自動車排ガスなど新たな課題に移るのと歩調を合わせるように「監視の目」は衰退した。全国の自治体の大気と水質の立ち入り調査件数は一九八六年度の一三万八〇〇〇件をピークに二〇〇四年度は六万九〇〇〇件と半減した。

企業の自己責任に委ねる傾向が強まり、さらに財政難がその動きに拍車をかけた。地方分権で二〇〇三年に立ち入り調査が国が自治体に委託する事務から自治体の自治事務に変わったこともその動きを助けた。

千葉県による水質の立ち入り調査件数は二〇〇〇年度の一〇〇一件から〇四年度には三四八件まで減った。保健所の業務を県民センターに移し、有害物質の規制対象工場以外は年に一回に減らしたりしたためだ。検査の要員は六〇人から二三人に縮小された。

県は「コンビナートの大工場への立ち入り件数は減らしていない」（環境政策課）というが、市原市議の船井きよ子さんは「監視力の低下が、企業の手抜きを招いている」と指摘する。

同様に四日市コンビナートを擁する三重県もこの一〇年で調査件数は四分の一近くに減らしている。

これに対し、川崎市では立ち入り体制を保ちながら、独自の「精密調査」をしている。年度ごとに課題を決めて工場に入り、環境管理の体制や装置をチェック、助言を行なう。「不都合なデータでも正直に話してもらう。友好関係を築くことが大切だ」と岩瀬義男・環境対策課長は言う。

一方、法律の不備もある。大気汚染防止法や水質汚濁防止法は企業に測定を義務づけながら測定結果を国や自治体に報告し、それを公開する仕組みがない。基準を超える汚染物質を排出しても、住民に健康被害の恐れがなければ操業の停止命令も出せない。

今回は、ＪＦＥスチールの社員三人と昭和電工の社員一人の罰金刑が確定したが、二〇～三〇万円と安すぎる罰金は時代に合わない。

自治体は公害防止協定でこうした「法の穴」を補ってはいるが、紳士協定にすぎず、強制力も罰則もない。兵庫県の嵐一夫・環境管理局長は「報告制度やデータの開示を義務づければ企業はもっと真剣に取り組もうと考え、不祥事の防止にもつながるのではないか」と法改正に言及した。兵庫県は環境省に大気汚染防止法の改正を求めているが、環境省は消極的で、強制力のないガイドラインに落ち着いた。

電力会社でも

こうしたデータの改ざん事件は、電力業界にも波及した。二〇〇六年一一月、中国電力のダムで測量データの改ざんが発覚し、それを重視した国土交通省が一〇電力会社に調査を指示した。その結果、全国六七の水力発電ダムで取水量などのデータを改ざん、五二〇のダムが河川法で許可の必要な工作物を無許可で設置したりしていたことがわかった。同省は、発電用と別に取水口を設置し、盗水していた黒部第三発電所など関西電力の五ダムに取水停止を命じるなどの処分を行なった。さらに二八道府県、独立行政法人の水資源機構などでも、三二一件の不適切な事例が判明した。青森、岩手、山形など六道県と水資源機構など二八施設で許可量を超えた取水を行なっていた。

データの改ざんは、原子力発電所にも及んだ。〇七年三月三一日、電力一一社は、原発、火力、水力で計三〇六件の改ざん、隠蔽の事実を公表した。東京電力では、柏崎刈羽原発六号機で一九九六年に四本の制御棒が脱落、九八年には福島第一原発四号機で三四本の制御棒が脱落、九九年には北陸電力の志賀原発第一号機で臨界事故が起きながら隠蔽されていたことがわかった。重大な事故につながるきわめて危険な工作である。電気事業連合会会長も兼ねる勝俣恒久・東京電力社長は、甘利明・経済産業大臣を訪ね、「法令順守の意識が組織の隅々まで徹底していなかった」と謝罪した。

しかし、原発の稼働率の低下を心配した同省は、操業停止などの処分を控え、電力会社も社内で何の処分もせずにすませた。

改ざん事件の根本には、経営者トップから組織の裾野にいたるまで、利益が優先され、そのための仕組みや体制が整えられる一方、環境意識は薄らぎ、埋没していたことは、石原産業のフェロシルト事件の経過を見ても明らかである。事件が起きたとき、田村社長は、「コンプライアンスが社内に徹底していなかった」と謝罪したが、勝俣東電社長もまったく同じ釈明をしている。

地球温暖化対策に力を注いでいると美辞麗句を並べても、足もとでは、怠慢と腐敗が進行していたのである。

ある大手石油化学会社の元重役に話を聞く機会があった。「データの改ざんや隠蔽をどう思いますか」と尋ねると、彼はこう打ち明けた。

「工場の現場では、法令を守らず、データを改ざんしたところで別に環境が目に見えて悪くなるわけじゃない。こんな程度なら許されるだろうという気分なんです。なるほど、経営陣はデータの改ざんや隠蔽を指示していないかもしれない。しかし、薄々は知っています。詳しい報告は上がってこないが、上司が容認しないと、そんなことは勝手にできない。私のいた会社も長年データ改ざんをしていましたが、最近、国の指導を受けてやめたと聞きました」

私は思い切って聞いた。

「あなたも、改ざんの事実を知っていたのですか」

ちょっと考え、元重役は言った。

「ほかの幹部と同様、私も知っていました。コンピューターにプログラムを設定し、基準以下に改ざんして県に送信することぐらい、たやすいことですから。これぐらいなら許されるだろう。どこの企業だってやっていることだから。そう思っていたんです」

（敬称略）

参考文献

●石原産業関係
四日市・死の海と闘う（田尻宗昭、岩波書店）
公害摘発最前線（同）
海と乱開発（同）
八十年の思い出（石原廣一郎、石原産業）
創業三十五年を回顧して（同）
石原廣一郎関係文書（赤沢史朗、粟屋憲太郎、柏書房）
石原廣一郎小論―その国家主義運動の軌跡（赤沢史朗、立命館大学）
私の履歴書（日本経済新聞社）
酸化チタン　物性と応用技術（清野学、技報堂出版）
記録　公害（沢井余志郎）
くさい魚とぜんそくの証文（沢井余志郎、はる書房）
サルファー４作業電報綴（海上保安庁四日市海保内部資料）
工場排水取締りの教訓（同）
「9・30運動」の趣旨と当社の公害防止対策の全貌（石原産業四日市工場）
石原産業新聞（上、下、石原産業）
きずな（石原産業四日市工場）
石原産業廃硫酸排出事件裁判記録
回想録　県庁三十六年公社八年の回想（竹内源一）

●産廃関連

ゴミが降る島（曽根英二、日本経済新聞社）
中坊公平・私の事件簿（中坊公平、集英社）
汚染の代償（実近昭紀、かもがわ出版）
揺れ動く産業廃棄物法制（北村喜宣、第一法規）
官僚とダイオキシン　ごみとダイオキシンをめぐる権力構造（杉本裕明、風媒社）
崩壊する産廃政策（高杉晋吾、日本評論社）
豊島事件裁判記録

●放射線関連
新・放射線の人体への影響（日本保健物理学会編、丸善）
放射線取扱者のための法令の話（日本アイソトープ協会、丸善）

●公害一般
恐るべき公害（庄司光、宮本憲一、岩波書店）
環境犯罪　七つの事件簿から（杉本裕明、風媒社）

●労働組合
たゆみなき前進（石原産業労組）
続たゆみなき前進（同）
安賃闘争（新日本窒素労組）

●その他
朝日新聞、中日新聞、サンケイ新聞など

あとがき

この本も、不法投棄事件の取材も、Xがいなければ不可能だった。二〇〇五年六月の情報提供者Xとの出会い。これがすべてだ。

記者生活を続けるなかで、これまでこうした人物には随分会ってきたが、空振りも少なくなかった。しかし、時々とんでもない事件に結びつくことがある。もちろん、それはきっかけに過ぎない。あとは、記者がどこまで粘り強く真実に迫るかだ。

石原産業のフェロシルト事件は、私が長く守備範囲にしている環境の分野から見て超一級の環境犯罪だった。もちろん、過去の歴史をひもとけば人類最悪の公害事件としての水俣病事件があり、もっと古くは、公害の原点である足尾鉱毒事件に行き着く。

一〇年ほど前に体系的に水俣病事件を追いかけるチャンスを得て、しばらくそれに没頭したことがある。『負の誕生』のタイトルで新聞で連載した後、不十分ではあるが、拙著『環境犯罪』の中にそれを盛り込んだ。そこでの問題意識は、組織の中で人はなぜ真実に背を向け、ウソをつき、そして取り返しのつかない過ちを犯すのか、ということだった。

患者や支援者による半世紀にわたる闘争と究明の歴史がありながら、水俣病事件の全貌はいまだに明らかになっていない。それは、チッソと昭和電工が真相を明らかにしないからである。大量の資料が隠滅され、そして今も隠され続けている。

今回、私が取材対象にした石原産業は、国内で史上最大の不法投棄事件を起こした。秋沢元会長の言うように、多くの人命を奪ったのでもなければ、健康被害をもたらしたわけでもない。しかし、法律を守らず、環境を汚染し、人々の生活に支障を与え、社会に大きな不安を与えた。しかも、不可抗力ではなく、フェロシルトの販売を開始する時から、有害性と産業廃棄物であるとの認識を持っての企業犯罪であった。

私は水俣病の時と同様に関係者を回った。水俣病事件ではすでにチッソの社長や工場長が業務上過失致死傷罪で有罪になっていたのに対し、石原産業のフェロシルト事件は、まさに現在進行中だった。私たちの取材に、同社は反省するどころか、「循環型社会に資するリサイクル製品」(田村藤夫社長)と居直った。

そのうそを事実をもって覆し、問題の解決に結びつけるという私の狙いは、ある程度達成された。私たちの追及に事実を隠し通せないと判断した石原産業は、すべてを佐藤元副工場長に責任を負わせて事なきを得ようとしたが、こちらが決定的な証拠を握っていたこともあり、行政と警察を動かすことに成功した。

しかしながら、佐藤元副工場長とその部下の二人が逮捕されただけで、事件は石原産業が行なったトカゲのシッポ切りを追認する形で収束した。田村社長、フェロシルトの製造を開始した当時の大平政司工場長、フェロシルトの処理費を予算化することに同意した当時の溝井正彦社長、さらに最高権力者だった秋沢旻会長らの責任は問われないままに終わった。

ただ、有罪判決の後、田村社長の退任に合わせ、秋沢最高顧問、溝井特別顧問ともにその地位を退いているから、道義的な責任をとらせたとは言える。

取材して感じたのは、売上高一〇〇〇億円ほどの中堅化学メーカーにしてあまりあるほどのその歴史のスケールの大きさと存在感だった。創業者の石原廣一郎の軌跡、その後の労使対立から融和、そして公害紛争とその克服、さらに揺り戻しと続く企業の歴史は、多くの大企業が多かれ少なかれ体験してきたことと重なりあうのではないだろうか。

いま、企業社会では、コンプライアンス（法令順守）とCSR（社会的責任）がはやりだ。社内研修をしたり、標語を書いた手帳を持たせたり、社員に宣誓させたりしているが、それでも不祥事はなくならない。最終章では、企業社会を覆う捏造、隠蔽、改ざんなどの実例を挙げ、企業社会が、こうした体質から容易に決別できないことを指摘したつもりである。

石原産業は、過去に痛い思いを何度もしながら、その教訓を生かさないままにきた。それが、今回の不法投棄事件をもたらしたと思う。いつも外から批判されると内にこもり、ハリネズミのように身構えた。今回、判決で断罪されても、なお、社会的責任すら認めようとしない同社の身勝手な体質や気風は、何も変わっていないように思われる。

会社の変遷を創業者から説き起こし、四日市大気汚染裁判、廃硫酸のたれ流し事件、労組の会社乗っ取りへと筆を進めたのも、こうした会社の歴史を通して、どのような社風が育てられたのか、それが、今回の不法投棄事件にどう結びついているのかを読み取ってもらいたかったからだ。

また、本書では、三重県の廃棄物政策の失敗や、財団法人・三重県環境保全事業団と石原産業との癒着とも思える関係にもたっぷり紙面を割いた。香川県・豊島、岩手・青森県境、岐阜市で起きた巨大産廃不法投棄事件も紹介し、法的な問題点にも言及した。

この本がコンプライアンスやCSRに取り組む企業の組織人に、反面教師の素材として読まれることを願う。石原産業の起こした不法投棄事件を振り返ると、後戻りできるチャンスが幾つかあった。それをせず、ずるずると続けたのはなぜなのか、どこに問題があったのかを検証すれば、防止策を講じることができる。最後に紹介した神戸製鋼所をはじめ、大手企業で続々と起きた不祥事と絡めながら読んでほしい。

今回の事件では、当時の四日市支局の奥村輝記者、津総局の本田直人記者、星野典久記者、藤木健記者と、長期間取材を共にした。何ものにも阿《おも》ねず取材対象に迫る姿勢には心動かされるものがあったし、彼らと夜回りを続けたのもいまはいい思い出である。

いちいち名前を挙げないが、取材では多くの人々の協力を得た。こっそり教えてくれた石原産業や行政の関係者も多かった。お礼を言いたい。また、平野孝龍谷大学教授には、石原産業に関する貴重な資料を見せていただき、専門的見地から多くの助言をいただいた。

最後に、フェロシルトの裁判を一度も欠かさず傍聴していた沢井余志郎さんのことに触れておきたい。沢井さんは七九歳のいまも手弁当で四日市公害の語り部を続けている。あの端正な字が並ぶガリ切りではなくなったが、四日市とコンビナートを監視し、いまも記録を出し続けている。ぜんそくに苦しんでいる患者を助けたい、その一心で運動に飛び込んだ沢井さんは、人生の大半を裏方ですごしてきた。いつも飄々としているが、聞くと本質をずばりと言い当てる。

最近、運動を共にしてきた仲間が言った。

「沢井さんがもっと前面に出てリーダーになってたら、四日市はもっと違っていたかもしれん」

沢井さんは恥ずかしそうに笑った。

「いいや、このほうがいいんや。患者さんが中心やからな」

住民そっちのけで、名前を売ることが自己目的化しているような市民運動家も数多いが、沢井さんの生き方は、いつも自分の位置を問い直す羅針盤のような存在になる。

出版にあたっては、『環境犯罪』の時と同様に、風媒社の稲垣喜代志代表と劉永昇さんにお世話になった。そして二重に感謝している。もし、『環境犯罪』が出版されていなかったら、Xの信頼を得ることは到底私にはできなかったのだから。

二〇〇七年盛夏　著者

［著者略歴］

杉本　裕明（すぎもと・ひろあき）

朝日新聞記者。

東京本社社会部などで、廃棄物、化学物質、環境アセスメント、自然保護、地球環境など幅広く環境の分野をフォロー。名古屋本社社会部時代に、環境担当として石原産業による不法投棄事件を手がける。現在、東京本社・オピニオン編集グループ所属。

著書に「官僚とダイオキシン　ごみとダイオキシンをめぐる権力構造」（風媒社）、「環境犯罪　七つの事件簿から」（同）、「塗り変えられた高校地図」（学書）、「環境行政と市民参加　紛争から合意形成の社会へ」（朝日新聞総合研究センター）。

共著に「ごみ処理のお金は誰が払うのか　納税者負担から生産者・消費者負担への転換」（合同出版）、「私たちが変わる、私たちが変える」（リサイクル文化社）など。

環境カウンセラーとして、講演、市民活動も行っている。

連絡先：nql53170@nifty.com　※nql はアルファベットの小文字

装幀／夫馬デザイン事務所

赤い土・フェロシルト　—なぜ企業犯罪は繰り返されたのか

2007年10月30日　第1刷発行　　（定価はカバーに表示してあります）

著　者　　杉本　裕明
発行者　　稲垣 喜代志

発行所　名古屋市中区上前津 2-9-14　久野ビル
振替 00880-5-5616 電話 052-331-0008
http://www.fubaisha.com/　風媒社

乱丁本・落丁本はお取り替えいたします。　＊印刷・製本／チューエツ
ISBN978-4-8331-1078-5